高等学校公共基础课系列教材

工程基础实训教程

主 编 刘 健

副主编 贾文军

西安电子科技大学出版社

内 容 简 介

本书着眼培养学生的综合工程素质和能力,以知识点和实训案例为切入点,概括介绍了基本机械制造、先进制造、智能制造等涉及的实践知识。全书共 14 章,包括砂型铸造工艺、焊接工艺、锻造及冲压工艺、车削工艺、铣刨磨工艺、钳工工艺、机械拆装工艺、数控车削、数控铣削、数控雕刻工艺、线切割工艺、3D 打印工艺、工业机器人等实训内容及纺织智能制造综合实训。书末附金属工艺学实习报告。

本书以知识点和实训案例统筹工程基础实践教学内容,引入自制的教学仪器设备、自建的纺织智能制造实训教学平台,并以产学合作内容为教学实例,突出实用性,注重培养学生解决问题的能力。

本书可作为高等院校工科专业工程实践课程教材,也可作为企业技术人员的参考书。

图书在版编目(CIP)数据

工程基础实训教程 / 刘健主编. —西安:西安电子科技大学出版社,2023.6
ISBN 978–7–5606–6781–2

Ⅰ. ①工… Ⅱ. ①刘… Ⅲ. ①机械工程—教材 Ⅳ. ①TH

中国国家版本馆 CIP 数据核字(2023)第 032936 号

策　　划　刘小莉　杨航斌
责任编辑　刘小莉
出版发行　西安电子科技大学出版社(西安市太白南路 2 号)
电　　话　(029) 88202421　88201467　　　邮　　编　710071
网　　址　www.xduph.com　　　　　　　　电子邮箱　xdupfxb001@163.com
经　　销　新华书店
印刷单位　陕西天意印务有限责任公司
版　　次　2023 年 6 月第 1 版　　2023 年 6 月第 1 次印刷
开　　本　787 毫米×1092 毫米　1/16　印张 16
字　　数　377 千字
印　　数　1～3000 册
定　　价　43.00 元
ISBN　978–7–5606–6781–2 / TH

XDUP 7083001–1

前　　言

　　党的二十大报告提出了中国式现代化建设的目标和方向，突出强调了科教兴国、人才强国战略。高等工程教育肩负着培养创新型人才的重要使命，对人才强国的战略支撑作用十分显著，必须着眼于创新育人、实践育人的教学目标，不断强化对学生工程实践能力和科技创新能力的培养。2017年，教育部发布《教育部高等教育司关于开展新工科研究与实践的通知》，启动了"新工科研究与实践"项目。"新工科"建设正是我国在工程教育方面做出的重要改革举措。与传统工科相比，"新工科"更强调学科的实用性、交叉性与综合性，尤其注重新技术与传统工业技术的紧密结合。

　　工程实践教学是高等工科院校培养和提高学生工程综合实践能力的重要环节。工程实践教学的过程就是在特定的工程实践环境中，对学生进行综合的工程设计、制造、管理、创新等环节的全面工程技术训练。随着现代设计与制造技术、信息技术、自动化技术、现代管理技术等与现代工程的相互交融、渗透，工程实践教学的内涵不断深化，教学内容不断拓展。工程实践教学改革必须贯彻以学生为本，实现知识、能力、素质协调发展，学习、实践、创新相互促进的实践教学理念，探索和构建新的工程实践教学课程体系，深化教学方法改革。

　　基于上述背景和要求，我们组织编写了本书。与传统的金工实习教材相比，本书具有如下特点：

　　(1) 以知识点统筹制造过程涉及的知识，注重加强学生提炼知识的能力，同时引导学生树立设计与工艺并重的思想。

　　(2) 以制造过程及工程训练基本内容为导向，与理论教材中的设计、材料和工艺内容相呼应，使学生能够较好地把握制造技术基础实践知识，较容易地掌握技术技能，同时增强创新思维能力。

　　(3) 基于以工程实践案例为教学内容的编写思路，将教师的启发、引导与学生的主动体验、积极探究有机结合，以提高学生的学习兴趣。

　　(4) 结合现代信息技术、智能制造等发展背景，增加虚拟仿真实训、3D打印增材制造、工业机器人、纺织智能制造等知识点和实训教学内容，提高学生对现代工业架构的认识。

(5) 内容简洁，与实际操作结合紧密，适合学生的认知，易学、易懂、易掌握。

本书由刘健主编，参加编写的人员分工如下：第 1 章由贾文军、刘健编写，第 2 章由刘健、雷贻文编写，第 3、12、13 章由赵地、王晓亮、段文斌编写，第 4～6 章由毕胜、张江亭、李毅编写，第 7 章由王浩程编写，第 8～11 章由刘健、郭玲、张天缘编写，第 14 章由赵永立编写。全书由刘健、王浩程统一整理。参加编写工作的还有徐国伟、淮旭国、蔡金清等同志。

在编写过程中，我们参考了有关书刊、资料，在此对相关作者表示感谢。

由于编者水平有限，书中不妥之处在所难免，恳请读者批评指正。

编　者

2022.12

目　　录

第 1 章　砂型铸造工艺实训

 实训目的

- 了解砂型铸造的安全操作守则及实训要求。
- 了解金属铸造成型的常用方法。
- 通过案例掌握砂型铸造的工艺过程。

1.1　实 训 安 全

金属液态成型是指铸造，即将液态金属浇入预先制好的铸型，待其冷却凝固后，获得所需形状和性能的铸件的成型方法。铸造生产工序繁多，又处于高温、粉尘、有毒气体的生产环境中，易发生安全事故。根据铸造的工艺特点，从安全文明实训的角度出发，学生在参加铸造实训时必须严格遵守以下事项。

1.1.1　砂型铸造安全操作守则

(1) 造型时严禁用嘴吹分型砂，以免砂粒飞入眼中。

(2) 坩埚炉周围不得堆放易燃易爆物品，以防遇到火星或高温液态金属时发生火灾或爆炸。

(3) 所有熔化及浇注的工具在使用前必须烘干并按要求涂刷涂料。

(4) 熔融的高温金属液在浇注运送途中或浇入砂型时，应检查是否有余液碎块失落在道路上或砂型旁，若有则应立即清除干净以免伤人，更不能用手触摸。

(5) 浇注时，砂型附近不应有积水存在，以免金属液滴与水接触引起飞溅或爆炸。

(6) 浇注金属液时必须听从指挥，以合理的高度和速度进行浇注。

(7) 浇注时浇包内金属液不能装得太满，以防抬运时飞溅伤人；人员不能站在浇注区的正面，不参与浇注的人员应远离浇包。

(8) 不可直接用手、脚触及未冷却的铸件。

(9) 清理铸件时，要注意周围环境，以防伤人。

(10) 搬动或翻动砂箱时，要用力均匀，小心轻放，以防砸伤手脚或损坏砂箱。

1.1.2　砂型铸造实训要求

(1) 实训时要穿好工作服、工作鞋，佩戴防护眼镜；

(2) 熟悉安全操作规程，避免发生事故；

(3) 熟悉机器设备的性能及操作方法，避免损坏机器；

(4) 砂箱、砂型等应平稳放置，防止其倒塌伤人；

(5) 实训结束后，清理工具和用具，打扫卫生，保持场地整洁，将使用过的物件清洁后归位。

1.2 基本知识点

1.2.1 砂型铸造的基本过程

砂型铸造的基本过程如图 1-1 所示。砂型铸造的主要工序有制模、配砂、造型、造芯、合模、熔炼、浇注、落砂、清理和检验。其具体流程是：① 根据零件形状和尺寸，设计并制造模样和芯盒；② 配制型砂和型芯砂；③ 利用模样和芯盒等工艺装备分别制作砂型和型芯；④ 将砂型和型芯合为一体——铸型；⑤ 将熔融的金属液浇注入铸型，完成充型过程；⑥ 冷却凝固后落砂取出铸件；⑦ 最后对铸件进行清理和检验，合格后入库。

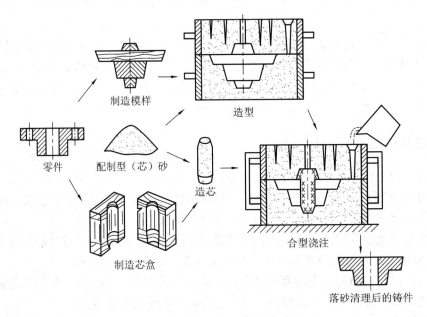

图 1-1 砂型铸造的基本过程

1.2.2 铸型的组成和作用

金属液浇注于铸型中，冷却后即可以获得形状、尺寸和质量符合要求的铸件。如图 1-2 所示为两箱造型时的铸型，其各组成部分及作用如下所述。

(1) 上砂型：铸型的上部组元。

(2) 下砂型：铸型的下部组元。

(3) 分型面：铸型组元间的结合面，每一对铸型都有一个分型面。

(4) 型砂：按一定比例混制后得到的符合造型要求的混合料。

(5) 浇注系统：为填充型腔和冒口而开设于铸型中的一系列通道，通常由外浇口、直浇道、横浇道和内浇道组成。

(6) 冒口：在铸型内储存供补缩铸件所用熔融金属的空腔。冒口有时还起排气集渣的作用。

(7) 排气道：在铸型或型芯中，为排除浇注时形成的气体而设置的沟槽或孔道。

(8) 型芯：为获得铸件的内孔或局部外形，安放在铸型内部的铸型组元，用型砂或其他材料制成。

(9) 出气孔：在砂型或砂芯上，用针或成型扎气孔装置扎出的孔。出气孔的底部要与模样相距一定的距离。

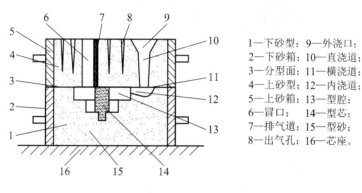

1—下砂型；　9—外浇口；
2—下砂箱；　10—直浇道；
3—分型面；　11—横浇道；
4—上砂型；　12—内浇道；
5—上砂箱；　13—型腔；
6—冒口；　　14—型芯；
7—排气道；　15—型砂；
8—出气孔；　16—芯座。

图 1-2　铸型的组成

1.2.3　浇注系统

浇注系统是引导金属液流入铸型型腔的通道。

1. 浇注系统的基本要求

浇注系统设计得合理与否对铸件质量影响很大。通常对浇注系统的基本要求如下：

(1) 引导金属液平稳、连续地充型，防止卷入、吸收气体而使金属液过度氧化。

(2) 对充型过程中金属液流动的方向和速度进行控制，保证铸件轮廓清晰、完整，避免因充型速度过快而冲刷型腔壁或型芯；同时也要避免因充型时间不合适而造成夹砂、冷隔、皱皮等缺陷。

(3) 具有良好的挡渣、溢渣能力，可净化进入型腔的金属液。

(4) 浇注系统的结构应简单、可靠，使金属液消耗少，容易清理。

2. 浇注系统的组成

浇注系统一般由外浇口、直浇道、横浇道和内浇道四部分组成，如图 1-3 所示。

(1) 外浇口：用于承接浇注的金属液，其作用包括防止金属液飞溅和溢出，减缓金属液对型腔的冲击，分离渣滓和气泡，阻止杂质进入型腔。

(2) 直浇道：从外浇口引导金属液进入横浇道、内浇道或直接引入型腔。直浇道有一定的高度，可使金属液在重力的作用下克服各种流动阻力，在一定的时间内完成充型。

(3) 横浇道：将直浇道的金属液引入内浇道的水平通道，它将直浇道内的金属液压力转化为水平速度，减轻对直浇道底部型腔的冲刷，控制内浇道的流量分布。

(4) 内浇道：把金属液直接引入铸型的通道。利用它的位置、大小和数量可以控制金属液流入铸型的速度和方向，调节铸件各部分的温度。

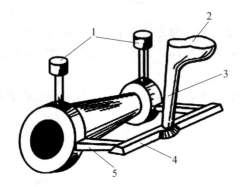

1—冒口；2—外浇口；3—直浇道；4—横浇道；5—内浇道。

图1-3 浇注系统的组成

1.2.4 手工造型方法

常见的手工造型方法如表1-1所示。

表1-1 常见的手工造型方法

造型方法	简 图	描 述
整模造型		用整体模样来进行造型，其特点是把整体模样放在一个砂箱内，并以模样一端的最大表面作为分型面
分模造型		模样沿最大截面处分成两半，型腔位于上、下砂箱内
挖砂造型		有些铸件如手轮，最大截面不在一端，模样又不方便分成两半，可以将模样做成整体，造型时挖出阻碍起模的型砂
活块造型		铸件上有凸起部分妨碍起模时，可将凸起部分做成活块，起模时，先取出模样主体，再单独取出活块

续表

造型方法	简　图	描　述
三箱造型		有些形状较复杂的铸件，往往具有两头截面大而中间截面小的特点，这时需要从小截面处分开模样，用两个分型面、三个砂箱造型
刮板造型		制造回转体或等截面形状的铸件(如弯管)时，为节省制造模样所需的木材和工时，可用与铸件截面形状相应的特制刮板刮制出所需的砂型型腔

常用的手工造型工具如图 1-4 所示。

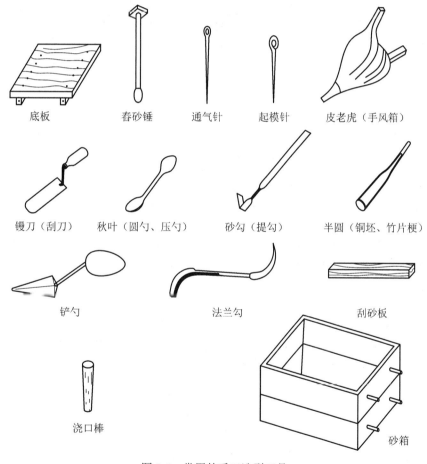

底板　　　春砂锤　　　通气针　　　起模针　　　皮老虎（手风箱）

镘刀（刮刀）　　秋叶（圆勺、压勺）　　砂勾（提勾）　　半圆（铜坯、竹片梗）

铲勺　　　　　　　法兰勾　　　　　　刮砂板

浇口棒　　　　　　　　　　　　砂箱

图 1-4　常用的手工造型工具

1.2.5　铸造合金的熔炼与浇注

铸造合金熔炼的主要设备有冲天炉、坩埚炉、电弧炉和高频炉等。其中，冲天炉结构简单，成本低廉，但因占用场地较大和污染环境等原因，目前应用越来越少。

1. 有色合金的熔炼

常用的有色合金有铸造铝合金、铸造铜合金、铸造镁合金、铸造锌合金等。这类合金与钢、铸铁相比，具有熔点低、易氧化和吸收等特点，因此广泛用于缸体、阀体、壳体等形状较为复杂的薄壁铸件，常用坩埚炉(如图1-5所示)进行熔炼。

熔炼时，将合金置于坩埚中，上面覆盖溶剂隔绝空气，用电阻丝加热坩埚使金属升温熔化。为减少合金的氧化，一般金属液的温度不宜过高。

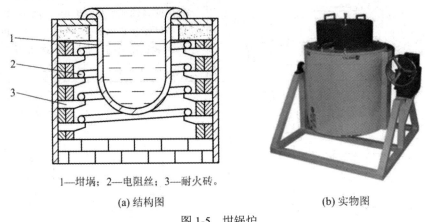

1—坩埚；2—电阻丝；3—耐火砖。

(a) 结构图　　　　　　　　　　　　　　(b) 实物图

图1-5　坩锅炉

2. 铸型的浇注

将金属液从浇包注入铸型的过程称为浇注。浇包(如图1-6所示)外壳用钢板焊接而成，内壁衬有耐火材料，使用前必须烘干。

浇注时，金属液流应对准浇口，且不得断流；挡渣钩应挡在包嘴附近，防止浇包中熔渣随金属液流入浇口。

浇注速度应根据铸件的形状、大小而定。浇注速度较快，金属液易于充满铸型型腔，减少氧化。若浇注速度过快，型腔中的气体来不及排出，易使铸件产生气孔，且金属液对铸型的冲击力大，易造成冲砂、抬箱等。若浇注速度过慢，会使金属液降温太快，使铸件产生冷隔、铸不足等缺陷。对于薄壁、形状复杂和具有大平面的铸件，应采用较快的浇注速度；而形状简单的厚实铸件，可采用较慢的浇注速度。

浇注温度应根据合金的材料种类、铸造方法、铸件大小等因素进行确定。温度过高或过低都可能造成铸造缺陷，影响铸件质量。

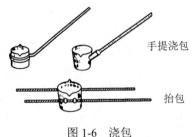

手提浇包

抬包

图1-6　浇包

3. 浇注后处理

铸件落砂、清理是指将砂箱分开，清理铸件表面的黏砂、冒口、飞边和氧化皮等，一般在铸件冷却后进行。

1.2.6 铸造工艺设计

铸造工艺设计是指根据零件图及其相关技术要求，编制出铸件生产工艺过程的技术文件。铸造工艺设计形成的技术文件主要包括铸造工艺图、铸型装配图、铸件图、模样图、型芯图、砂箱图等。由于每个铸件的生产任务和要求不同，生产条件也不同，因此，铸造工艺设计的内容也不同。

对于不太重要的单件小批量生产的铸件，铸造工艺设计比较简单。一般选用手工造型，只限于绘制铸造工艺图和填写有关工艺卡片，即可投入生产。

对于要求比较高的单件生产的重要铸件和大量生产的铸件，除了要详细绘制铸造工艺图，填写工艺卡片以外，还应绘制铸件图、铸型装配图以及大量的工装图(如模样图、模板图、砂箱图、芯盒图、下芯夹具图、检验样板及量具图等)。

1.3 实 训 案 例

1.3.1 整模造型

整模造型是将模样做成与零件形状相对应的整体结构来进行造型，其特点是把整体模样放在一个砂箱内，并以模样一端的最大表面作为分型面。整模造型操作方便，不会出现上、下砂型错位(错箱)的缺陷，铸件的形状和尺寸容易保证，适用于制造形状简单的铸件。如图 1-7 所示为轴承座零件的整模造型过程，具体操作步骤如下：

(1) 造型前准备。准备造型工具，选择平直的底板和大小合适的砂箱；模样与砂箱内壁及顶部之间应留 30～100 mm 的距离，称之为吃砂量，其值视模样大小而定。

(2) 造下型。将模样放在底板上并放置好下砂箱，应注意模样的起模斜度，不要放错；加入型砂，用舂砂锤均匀紧实型砂，然后用刮砂板刮去砂箱表面多余的型砂。舂砂时应注意以下事项：

① 必须将型砂分次加入。小砂箱每次加砂厚度约 50～70 mm，过多、过少都舂不紧实，且浪费工时。

② 第一次加砂时需用手将模样按住，并用手将模样周围的砂塞紧，以免舂砂时模样在砂箱中移动。

③ 舂砂时应按一定的路线均匀地进行，以保证砂型各处紧实均匀。

④ 舂砂时应注意不要舂到模样上。

⑤ 舂砂用力大小应适当。若舂砂用力过大，砂型太紧，浇注时型腔内的气体排不出去，铸件易产生气孔等缺陷；若舂砂用力太小，砂型太松，易造成塌箱。

(3) 撒分型砂。下型造好后，翻转，用镘刀修光分型面，在造上型前，应在分型面上撒上无黏性的分型砂，防止上下箱黏在一起而开不了箱。撒砂时，手攥分型砂距砂箱高一些，一边转圈一边摆动，使分型砂从指尖与手掌合拢间隙缓慢而均匀地下落，在分型面上薄薄覆盖一层。最后将模样上的分型砂吹掉，以避免在造上型时，分型砂黏到上砂型表面，浇注时被金属液冲刷下来进入铸件，使其产生缺陷。

(4) 造上型。放好上砂箱，放置浇口棒，填充型砂并舂紧实。舂砂过程和造下型相似，紧实度可比下型略松，以利于浇注时型腔里的气体排出；然后刮去多余的型砂。

(5) 扎出气孔。上型舂紧刮平后，在模样投影面的上方，用直径 2～3 mm 的通气针扎出出气孔，以利于浇注时气体排出。出气孔分布要均匀，深度适当；然后拔出浇口棒。

(6) 开外浇口。外浇口应挖成约 60° 的锥形，大端直径约 60～80 mm，浇口面应修光，与直浇道连接处应修成圆滑过渡，便于浇注时引导金属液平稳流入铸型。

(7) 做合箱线。若上下砂箱没有定位销，则应在上下型打开之前，在砂箱壁上标示合箱线。最简单的办法是在箱壁上涂上粉笔灰，然后用划针画出细线。做线完毕后，即可起模。

(8) 起模。起模前要先用水笔蘸些水，刷在模样周围的型砂上，以增加这部分型砂的强度和可塑性，防止起模时损坏型腔。再用小锤或敲棒轻轻敲打起模针的根部，使模样松动，以利于起模。起模时，起模针要尽量与模样的重心垂直线重合。

(9) 修型。起模后，型腔如有损坏，应根据型腔形状和损坏程度，使用合适的修型工具进行修补。

(10) 挖出内浇道。在下砂箱上对应浇口棒的部位挖出内浇道，再用皮老虎吹去型腔内多余的砂粒。

(11) 合型、待注。按合箱线的标记将上砂型合在下砂型上。合型时应使上型保持水平下降。最后紧固上、下砂型，等待浇注。

(12) 浇注。将金属液浇入铸型，经过一段时间冷却后，进行落砂、清理等工序，即可得到铸件。

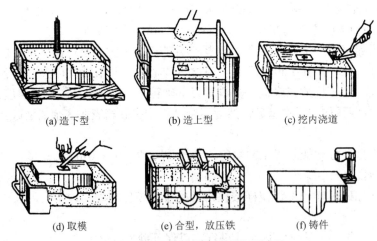

(a) 造下型　　　　　　(b) 造上型　　　　　　(c) 挖内浇道

(d) 取模　　　　　　(e) 合型，放压铁　　　　　　(f) 铸件

图 1-7　轴承座零件的整模造型过程

1.3.2　挖砂造型

挖砂造型用于模样是整体但分型面为曲面的单件、小批生产的铸件，如图 1-8 所示。为便于起模，造型时需手工挖去阻碍起模的型砂。挖砂造型费工、生产效率低，对于工人技术水平要求高。

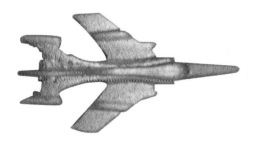

图 1-8　铸造小飞机模型

小飞机零件的挖砂造型过程操作步骤如下：

(1) 造型前准备。准备造型工具，选择平直的底板和大小合适的砂箱。擦净飞机模型。

(2) 造下型。安放飞机模型，分次加入型砂，注意型砂的加入量如图 1-9 所示。用手按住飞机模型并塞紧模型周围的型砂，如图 1-10 所示。春砂路线如图 1-11 所示。春紧型砂后，用刮板刮平表面，翻转下砂型。

(3) 挖砂。用压勺挖掉阻碍出模的型砂，修光分型面，保证模型与型砂的接触面为模型的最大截面。

(4) 撒分型砂。在分型面上撒少许分型砂，用皮老虎吹去模型上的分型砂。

(5) 造上型。放好上砂箱，放置浇口棒，加填型砂并春紧，然后刮去多余型砂。

(6) 扎出气孔。在小飞机模型投影面范围内的上方，扎出出气孔，如图 1-12 所示。

(7) 开挖外浇口。将外浇口挖成漏斗形，如图 1-13 所示。

(8) 开箱。分开上下砂型，将上砂型分型面向上，放置在下砂型旁边。

(9) 起模。起模前用水笔蘸些水刷在模型周围的型砂上，如图 1-14 所示。

(10) 修型。起模后，砂型如有损坏应进行修补。

(11) 挖内浇道。在合适位置挖出内浇道，规格为宽度 10 mm 左右，深度 5 mm 左右。

(12) 合箱。将上下砂型合上，检查分型面处是否贴合。

(13) 浇注。将金属液用浇包注入小飞机铸型，完成整个小飞机的浇注过程。

(14) 落砂。浇注 20 mln 后打开砂箱，取出小飞机铸件。

(15) 清理。用压勺将小飞机铸件上残留的型砂去除。

(16) 打磨。将小飞机铸件夹在桌虎钳上，用手锯锯掉浇口，用锉刀修锉浇口余痕和小飞机表面。

(17) 检验(评分)。根据小飞机铸件的成型情况、铸造缺陷数量及表面质量评定成绩。

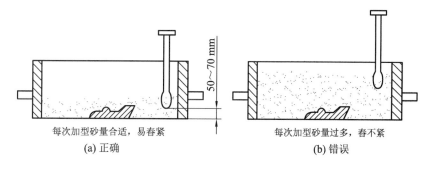

图 1-9　型砂加入量示意

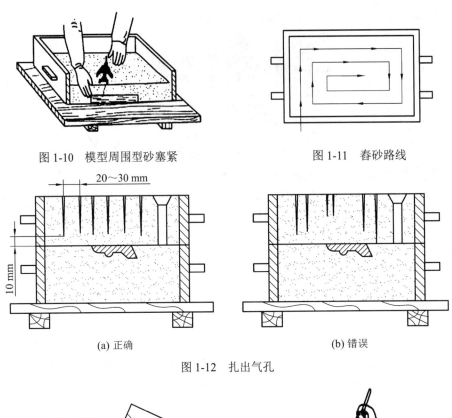

图 1-10　模型周围型砂塞紧　　　　　　图 1-11　舂砂路线

(a) 正确　　　　　　　　　　　　(b) 错误

图 1-12　扎出气孔

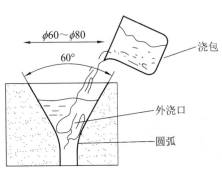

图 1-13　漏斗形外浇口

图 1-14　起模前刷水

1.3.3　支座零件铸造工艺设计

支座零件如图 1-15 所示，该零件的铸造工艺设计主要包括以下内容：

(1) 对零件图纸进行审核并进行铸造工艺性分析；

(2) 选择合理的铸造方法；

(3) 确定铸造工艺方案；

(4) 绘制铸造工艺图；

(5) 绘制铸件图；

(6) 填写铸造工艺卡片并绘制铸型装配图；

(7) 绘制各种铸造工艺装备图纸。

其中铸造工艺方案的确定是铸造工艺设计的关键内容，主要包括造型和造芯方法、铸型种类、铸造参数、浇注位置和分型面的确定等，从而得到合理的铸造工艺图。

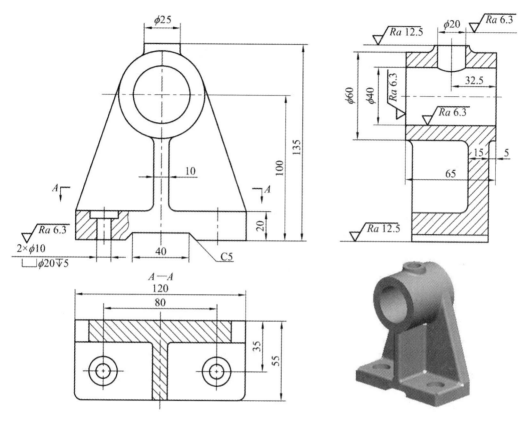

图 1-15　支座零件

在对支座零件进行上述内容的分析后，应得到如图 1-16 所示的铸造工艺图。

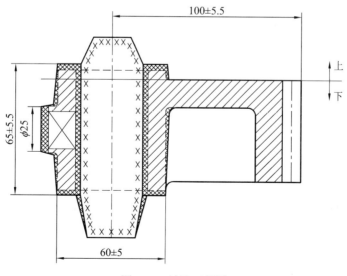

图 1-16　铸造工艺图

第 2 章　焊接工艺实训

 实训目的

- 了解焊接的有害因素及安全操作守则。
- 了解巩固焊接原理、焊接工艺等基本知识。
- 通过案例掌握零件焊接的工艺过程。

2.1　实　训　安　全

焊接是工程领域应用最广泛、最可靠的金属连接工艺之一。由于焊接是高温加工过程，操作人员距离高温热源很近，因此安全操作尤为重要。从安全文明实训的角度出发，学生在参加焊接实训时应该了解焊接的有害因素，并严格遵守安全操作守则。

2.1.1　焊接的有害因素

焊接的有害因素包括化学和物理两大类。化学因素主要是焊接烟尘和有害气体，物理因素主要是电弧辐射、高频电磁场、放射线和噪声等，危害面最广的是焊接烟尘和有害气体。焊接烟尘和有害气体的产生及其成分与焊接方法和焊接材料密切相关，以下是产生焊接烟尘和有害气体的几种情况：

(1) 高温焊接热源使熔化的金属或金属化合物蒸发，凝结和氧化产生烟尘，其强烈程度与热源集中或热输入有关。

(2) 焊件表面存在的涂层或镀层(如含锌或镀铬等)，会产生相应的烟尘。

(3) 钢材的焊条电弧焊，CO_2 气体保护焊以及自保护焊丝电弧焊会产生较大的烟尘和有害气体，其烟尘的主要成分是：铁、硅的氧化物微粒；其中主要有毒成分是锰。采用镀铜焊丝的气体保护焊的烟尘中有毒成分还有铜的氧化物。采用底氢型焊条，烟尘中的主要有毒成分是氟化物。

(4) 焊条电弧的烟尘中含有较多的 Fe_2O_3，毒性较小，颗粒较细，约小于 5 μm，但长时间接触可能会形成电焊尘肺(铁尘肺)。

(5) 铝和铝合金氩弧焊的有害气体主要是臭氧和氮氧化物，它们是由电弧的紫外线辐射作用于环境空气中的氧和氮而产生的。臭氧的浓度与焊接材料、保护气体和焊接工艺参数有关。其他非铁金属(如铜、镍、镁及其合金等)的氩弧焊，也有相应的金属烟尘。

(6) CO_2 气体保护焊起弧时 CO 含量较高，在封闭空间内焊接时需采取通风措施。一般而言，烟尘越多，电弧辐射越弱，有毒气体含量越低；反之，烟尘越少，电弧辐射越强，有毒气体含量越高。

2.1.2 焊接实训安全操作守则

(1) 进入车间要穿工作服，袖口扎紧，衬衫系入裤内。不得穿凉鞋、拖鞋、高跟鞋、背心、裙子和戴围巾。

(2) 严禁在车间内追逐、打闹、喧哗以及做其他与实习无关的事情。

(3) 应在指定的焊机上进行实训。未经允许，其他设备、工具或电器开关等均不得乱动。

(4) 焊前检查焊机接地是否良好，焊钳和电缆的绝缘是否良好。

(5) 焊接时应站在木垫板上，不许直接用脚操作。不准直接用手接触导电部分，防止触电。

(6) 为防止紫外线、红外线的伤害及弧光伤害和烫伤，须戴上手套与面罩。

(7) 击渣时要注意敲击方向，防止焊渣飞出伤人。工件焊接后不准直接用手拿，应使用铁钳夹持。

(8) 氧气瓶、氩气瓶和二氧化碳气瓶不得撞击或烘烤暴晒。氧气瓶嘴周围不许有油脂或其他易燃品。扳手不得有油污。

(9) 乙炔瓶周围不许有火星，与氧气瓶要间隔一定距离放置。

(10) 实训完成后，及时清理场地及设备工具。

2.2 基 本 知 识 点

2.2.1 手工电弧焊的原理及焊接过程

焊接的实质是使两个分离的物体通过加热或加压(或两者并用)，仕用或个用填充材料的条件下，借助于原子间或分子间的联系与质点的扩散作用形成一个整体的过程。手工电弧焊焊接如图 2-1 所示。

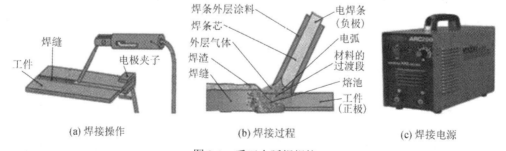

(a) 焊接操作   (b) 焊接过程   (c) 焊接电源

图 2-1 手工电弧焊焊接

手工电弧焊焊接时，焊接电源供给一定的电压，在焊接电源两极间或电极与母材间的气体介质中产生强烈而持久的放电，形成焊接电弧。电弧的弧柱中充满了高温电离气体，并释放出大量的热能和强烈的光，使被焊接材料熔化并融合，形成焊缝。焊缝结构如图2-2所示。

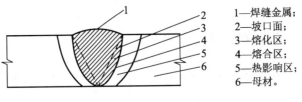

1—焊缝金属；
2—坡口面；
3—熔化区；
4—熔合区；
5—热影响区；
6—母材。

图 2-2　焊缝结构

电焊条是手工电弧焊的焊接材料，由以下两部分组成。

(1) 焊芯：一般是具有一定长度及直径的金属丝。焊接时，焊芯一方面作为焊接电极，传导焊接电流，产生电弧。另一方面，焊芯熔化后又作为焊缝的填充金属。焊芯的化学成分会直接影响焊缝质量，因此焊芯通常由含碳、硫、磷较低的专用优质低碳钢丝制成。

(2) 药皮：是压涂在焊芯表面上的涂料层，由矿物质、有机物、铁合金等粉末和水玻璃(黏结剂)按一定比例配制而成。药皮的作用是引弧并稳定电弧，保持熔池内的金属液不被氧化，同时脱去焊缝金属中的有害杂质，并可补充被烧损的合金元素，从而提高焊缝的力学性能。

2.2.2　材料可焊性的概念

材料的可焊性是指被焊材料在限定的施工条件下，焊接成按规定设计要求的构件，并满足预定服役要求的能力。可焊性是材料在焊接过程中表现出来的工艺性能。一般而言，钢材的含碳量越低，可焊性越好。通常用碳当量来评价钢材的可焊性。碳当量是指将材料中各种合金元素对材料焊接性能的影响折算成相当于碳对材料焊接性能影响的含量。碳素钢中决定机械性能和可焊性的主要因素是含碳量。合金钢(主要是低合金钢)除了碳以外，各种合金元素对钢材的强度与可焊性也起着重要作用。为便于表达这些材料的焊接性能，通过大量试验数据统计，得到碳当量值，用来估测材料的可焊性。

碳钢及合金结构钢的碳当量经验公式为

$$C \text{ 当量} = [C + Mn/6 + (Cr + Mo + V)/5 + (Ni + Cu)/15] \times 100\%$$

式中：C、Mn、Cr、Mo、V、Ni、Cu 为钢中该元素含量。通常情况下，材料的碳当量小于 0.2% 时，可焊性良好；碳当量在 0.2%~0.4% 时，可焊性一般；碳当量大于 0.4% 时，可焊性变差。

2.2.3　焊接应力与变形

由于焊接过程是一个不均匀加热和冷却的过程，因而会产生热应力，因此发生焊接变形是难以避免的。当焊接应力超过该材料相应温度的屈服应力时，焊件将发生变形；焊接应力超过材料的断裂应力时，焊件将会出现裂纹甚至断裂。焊接裂纹包括纵向裂纹、横向裂纹、内部裂纹、根部裂纹等；焊接变形的基本形式有收缩变形、弯曲变形、波浪变形、扭曲变形和角变形等，如图2-3所示。

(a) 收缩变形   (b) 弯曲变形   (c) 波浪变形   (d) 扭曲变形   (e) 角变形

图 2-3 焊接变形形式

防止焊接变形应从结构设计和工艺措施两方面考虑。设计焊接结构时,焊缝位置应尽量对称,在保证结构有足够承载能力的条件下,应尽量减少焊缝的长度和数量。工艺方面,可采取反变形法、刚性固定法、合理安排焊接次序、焊前预热等方法防止或减少焊接变形。

2.2.4 常用的焊接方法

手工电弧焊操作方便、灵活,设备简单,适用于各种焊接位置和接头形式,因而得到广泛应用。除手工电弧焊外,还有许多其他的焊接方法适应于不同的材料和生产效率需求,常见的焊接方法如表 2-1 所示。

表 2-1 常见的焊接方法

焊接方法		简 图	描 述
熔化焊	埋弧焊	焊丝移动方向	埋弧焊是一种电弧在焊剂层下燃烧进行焊接的方法。焊接质量稳定、生产效率高、无弧光及烟尘很少等优点,使其成为压力容器、箱型梁柱等重要钢结构制造中的主要焊接方法
	氩弧焊	(a) 熔化极氩弧焊　(b) 非熔化极氩弧焊	氩弧焊是在高温熔融焊接中不断输送氩气,使焊材不与空气中的氧气接触,从而防止焊材的氧化,保护金属焊材,因此可以焊接铜、铝、合金钢等金属
	CO_2 气体保护焊	CO_2	CO_2 气体保护焊由于所用保护气体价格低廉,焊缝成形良好,加上使用含脱氧剂的焊丝,可获得无内部缺陷的焊接接头。因此这种焊接方法目前已成为黑色金属材料的重要焊接方法之一

续表

焊接方法		简　图	描　述
熔化焊	气焊	乙炔 氧气	气焊是利用可燃气体乙炔和氧气混合燃烧时所产生的高温火焰使焊件和焊丝局部熔化并填充焊缝的一种焊接方法,主要用于焊接 3 mm 以下的低碳钢薄板、铸铁、铜合金和铝合金等
压力焊	电阻焊	固定电极　移动电极 F　　　　　F 焊件 熔池 电极 滚轮 焊缝 熔池 焊件	电阻焊是将被焊工件压紧于两电极之间,并施以电流,利用电流流经工件接触面及邻近区域产生的电阻热效应将其加热到熔化或塑性状态,使之形成金属结合的一种焊接方法
	摩擦焊	轴向压力 焊接线 焊缝前进侧 搅拌头前沿 搅拌头轴肩 搅拌针 搅拌头后沿 焊缝回转侧	摩擦焊是在压力作用下,待焊工件的摩擦界面及其附近温度升高,材料的变形抗力降低、塑性提高,伴随着材料产生塑性流变,通过界面的分子扩散和再结晶而实现焊接的固态焊接方法
	钎焊	钎料	钎焊是用比母材熔点低的金属材料作为钎料,用液态钎料润湿母材填充工件接口间隙,并使其与母材相互扩散而实现焊接零件的焊接方法。钎焊零件变形小,焊接接头光滑美观,适用于焊接精密、复杂和由不同材料组成的构件

2.3　实　训　案　例

平对焊、平角焊指的是工件摆放位置。平对焊是将两个工件在一个平面内拼接在一起进行焊接；平角焊是将两个工件呈 90°夹角的位置进行焊接。不同的焊接方法都可以进行平对焊、平角焊。下面以最常用的手工电弧焊方法为例，分别进行平对焊、平角焊介绍。

2.3.1　平对焊

1. 工艺分析

平对焊对接接头常用的坡口形式有 I 形、V 形、Y 形和带钝边的 U 形等，板厚小于 6 mm 时，一般采用不开坡口(I 形坡口)对接；板厚大于 6 mm 时，为保证电弧能深入到焊缝根部使其焊透，并获得良好的焊缝，应采用 V 形、Y 形或带钝边的 U 形等坡口形式对接，进行多层焊和多层多道焊。平对焊焊件如图 2-4 所示。

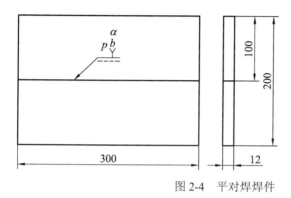

技术要求
1. 平对焊成形；
2. 焊件根部间隙b=3.2～4.0
钝边p=0.5～1
坡口角度α=60°；
3. 焊后变形量<3°。

图 2-4　平对焊焊件

2. 焊接准备

(1) 掌握正确的焊接姿势。手工电弧焊基本操作姿势有蹲姿、坐姿、站姿，如图 2-5 所示。

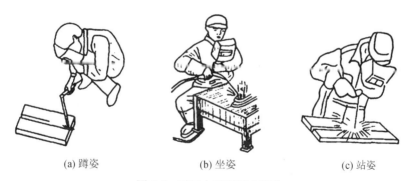

(a) 蹲姿　　　　　　　(b) 坐姿　　　　　　　(c) 站姿

图 2-5　手工电弧焊基本姿势

(2) 装夹焊条。注意焊条与焊钳的夹角，如图 2-6 所示。

(a) 80°　　　　　　　(b) 90°　　　　　　　(c) 120°

图 2-6　焊条与焊钳的夹角

(3) 握紧焊钳。焊钳的握法如图 2-7 所示。

图 2-7　焊钳的握法

3. 焊接操作

(1) 备料：厚度 3～4 mm 的 Q235 钢板校直料两块，保证接口处平整。

(2) 清理：将焊件连接处 20 mm 范围内的铁锈、油污、水分等清理干净。

(3) 组对：将两块钢板水平对齐放置，间隙 1～2 mm。

(4) 定位焊：主要目的是定位，固定两块钢板的相对位置，焊后清渣。若焊件较长，可每隔一定距离焊接一定长度的焊缝。

(5) 引弧：在电弧焊开始时，引燃焊接电弧，使焊条和焊件之间产生稳定的电弧。引弧时，将焊条末端与焊件表面接触形成短路，然后迅速将焊条向上提起 2～4 mm 的距离，电弧即引燃。引弧方法有摩擦法和直击法两种，如图 2-8 所示。

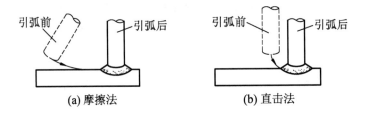

(a) 摩擦法　　　　　　　　　(b) 直击法

图 2-8　引弧方法

(6) 焊接：在平焊位置上形成焊缝的过程。焊接操作时，左手持面罩，右手握焊钳，操作的关键是掌握好焊条角度(如图 2-9(a)所示)、基本运条动作(如图 2-9(b)所示)、保持合适的电弧长度(即向下送进焊条速度合适)和均匀的焊接速度。

在焊接操作中，应注意保持电弧的长度大约等于焊条直径，焊条与焊缝平面两侧的夹角应基本相等，焊条的送进速度要均匀。

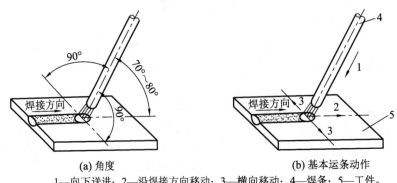

(a) 角度　　　　　　　　　　(b) 基本运条动作
1—向下送进；2—沿焊接方向移动；3—横向移动；4—焊条；5—工件。

图 2-9　焊条角度和基本运条动作

(7) 运条：焊薄板时，焊条可作直线移动；焊厚板时，主要有两种运条方法，如图 2-10 所示，焊条在作直线移动的同时，还要有横向移动，以保证得到一定的熔宽和熔深。

(a) 锯齿形运条　　　　　　　　　　　　　　(b) 圈形运条

图 2-10　焊厚板时的运条方法

(8) 焊后清理：清除渣壳及飞溅物。

(9) 检查焊缝质量：检查焊缝外形和尺寸是否符合要求，有无焊接缺陷。

2.3.2　平角焊

1. 工艺分析

平角焊焊件如图 2-11 所示。

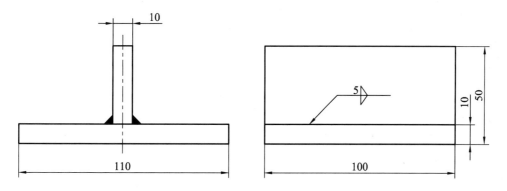

图 2-11　平角焊焊件

平角焊主要采用 T 形接头进行焊接。此外，搭接接头和角接接头也常采用平角焊。几种接头形式如图 2-12 所示。

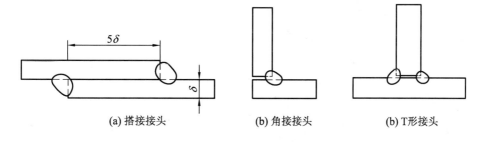

(a) 搭接接头　　　　　　　　(b) 角接接头　　　　　　　　(b) T形接头

图 2-12　平角焊接头形式

平角焊缝的焊脚尺寸应该符合技术要求，以保证焊接接头的强度。一般焊脚尺寸随焊件厚度的增大而增加。平角焊缝的焊脚尺寸位置示意如图 2-13 所示。焊脚尺寸小于 5 mm 时，采用单层焊；焊脚尺寸为 6～10 mm 时，采用多层焊。平角焊缝的焊脚尺寸随钢板厚度取值如表 2-2 所示。

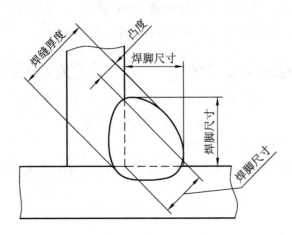

图 2-13　平角焊缝的焊脚尺寸示意图

表 2-2　焊脚尺寸随钢板厚度取值　　　　　　　　　　　　　　mm

钢板厚度	8～9	9～12	12～16	16～20	20～24
焊脚尺寸	4	5	6	8	10

2. 焊接操作

(1) 备料：本案例为 Q235A 钢板料 T 形接头焊件。焊接时，焊条与立板夹角为 45°，与焊接方向夹角为 35°～50°，如图 2-14 所示。

(2) 清理：焊前需将钢板焊缝两侧 20 mm 范围内的油污、锈迹、水分及其他污物清理干净，最好能够露出金属光泽。

(3) 组对：将焊件装配成 90° 夹角的 T 形接头，不留间隙，装配时须校正工件，保证立板垂直。

(4) 定位焊：为减小焊接变形，平角焊之前要先进行定位焊。定位焊的位置应设置在工件两端的前后对称处，如图 2-15 所示。

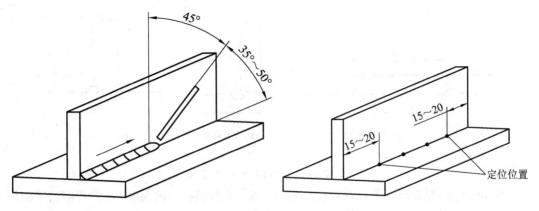

图 2-14　焊条运行角度　　　　　　　　　　图 2-15　定位焊位置

(5) 焊接：本案例为单层焊接，选用直径为 $\phi3.2$ 的焊条，焊接电流调至 130A，以保证达到一定的熔透深度。操作时，应保持焊条与水平工件成 45° 夹角，与焊接方向成 65°～

85°夹角。

(6) 运条：可以采用直线运条法，也可以采用斜圆圈形运条法。运条时必须有规律，否则容易产生咬边、夹渣和边缘熔合不良等缺陷；焊道收尾时均要填满弧坑。运条过程中，要始终注视熔池的熔化情况，保持熔池在接口处不偏上或者偏下，使立板与平板的焊道充分熔合。

斜圆圈形运条操作如图 2-16 所示，由 a 到 b 要慢，焊条作微微的往复前移动作，以防止熔渣超前；由 b 到 c 稍快，防止熔化金属下淌，并在 c 处稍作停顿，以添加适量的熔滴，避免咬边；由 c 到 d 稍慢，保持各熔池之间形成重叠，便于焊道的形成；由 d 到 e 处稍作停顿。如此反复运条。

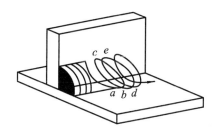

图 2-16　斜圆圈形运条

(7) 焊后清理：清除渣壳及飞溅物。

(8) 检查焊缝质量：检查焊缝外形和尺寸是否符合要求，有无焊接缺陷。

3. 注意事项

(1) 工件定位焊时，应注意根部间隙、反变形量、定位焊焊缝的长度和间隙。

(2) 坡口及附近表面的铁锈、氧化皮、油污等一定要清理干净。

(3) 平角焊容易出现成形不良、焊缝下塌、焊脚超宽等现象。因此，焊接过程中要注意利用电弧力把熔化的金属挤向立板的坡口边缘。

(4) 为防止焊件产生变形，可采用合理的焊接参数，并采用两面交替焊接的方法进行焊接。

第3章　锻造及冲压工艺实训

 实训目的

- 了解锻造及冲压加工的安全操作守则及实训要求。
- 了解巩固金属塑性变形、压力加工等基本知识。
- 通过案例掌握锻造及冲压的工艺过程。

3.1　实　训　安　全

利用外力使金属坯料产生塑性变形，从而获得具有一定尺寸、形状、组织和机械性能的毛坯或零件的加工方法，称为金属固态成形，也称为金属压力加工，主要包括锻造和板料冲压。根据锻造和板料冲压受力变形的加工特点，从安全文明实训的角度出发，学生在参加实训时必须严格遵守以下事项。

3.1.1　锻造实训安全操作守则

(1) 进入车间要穿工作服，戴防护用品，袖口扎紧，衬衫系入裤内。不得穿凉鞋、拖鞋、高跟鞋、背心、裙子和戴围巾。

(2) 严禁在车间内追逐、打闹、喧哗以及做其他与实习无关的事情。

(3) 应在指定的机床、工具上进行实训。未经允许，其他机床、工具或电气开关等均不得乱动。

(4) 使用空气锤锻打前必须检查机器润滑状况，保证机器运转时润滑良好。严禁空击下砧块，不允许锻打过烧与过冷的工件。

(5) 随时检查锤柄是否松动，锤头、砧子及其他工具是否有裂纹或其他损坏现象。

(6) 锻打前必须正确选用夹持工具，钳口必须与锻件毛坯的形状和尺寸相符合，否则在锤击时，夹持不紧容易造成毛坯飞出。

(7) 手工自由锤锻打时，要听从掌钳人员或指导老师的指挥，互相配合，以免伤人。

(8) 使用空气锤锻打时，必须注意夹持工具夹持工件的位置，以免锤头落下打飞夹持工具。

(9) 清理炉子、取放工件应在关闭风门后进行。

(10) 取出加热的工件时，注意观察周围人员情况，避免工件烫伤他人。不可直接用手或脚接触金属材料，防止烫伤。严禁用烧红的工件与他人开玩笑，避免造成人身伤害。

(11) 切断料头时，在料头飞出方向不应站人。

(12) 实习结束后，及时清理工具和设备，打扫工作现场的卫生。

3.1.2 冲压实训安全操作守则

(1) 采用机械压力机作冲裁、成形时，应遵守本守则；进行锻造或切边时，还应遵守锻造有关守则。

(2) 暴露在外的传动部件，必须安装防护罩。禁止在卸下防护罩的情形下开车或试车。

(3) 开车前应检查设备及模具的主要紧固螺栓有无松动，模具有无裂纹，操纵机构、急停机构或自动停止装置、离合器、制动器是否正常。必要时，对大冲压机床可开动点动开关试车，对小冲压机床可用手扳试车，试车过程中要注意手指安全。

(4) 模具安装调试应由经过培训的人员进行；安装调试时应采取垫垫板等措施，防止上模零件坠落伤手。冲压人员不得擅自安装调试模具。模具的安装应使闭合高度正确；尽量避免偏心载荷；模具必须紧固牢靠，经试车合格，方能进行使用。

(5) 工作中应注意力集中。禁止边操作、边闲谈或干其他事情。送料、接料时严禁将手或身体其他部分伸进危险区。加工小件时应选用辅助工具(专用镊子、钩子、吸盘或送接料机构)。模具卡住坯料时，只允许用工具取出。

(6) 两人以上操作时，应定人开车，统一指挥，注意协调配合。

(7) 发现冲压机床运转异常或有异常声响，如敲键声、爆裂声等，应立即停机查明原因；传动部件或紧固件松动、操纵装置失灵发生连冲、模具裂损时应立即停车修理。

(8) 在排除故障或修理时，必须切断电源、气源，待机床完全停止运动后方可进行。

(9) 每冲完一个工件，手或脚必须离开按钮或踏板，防止误操作。严禁用压住按钮或脚踏板的办法使电路常开，而进行连车操作。连车操作应经批准或根据工艺文件进行。

(10) 操作时应站稳或坐好。他人来联系工作时应先停车，再接待。无关人员不许靠近冲压机床或操作者。

(11) 冲压机床工作台上禁止堆放坯料或其他物件，废料应及时清理。

(12) 实习结束后，应将模具落靠，切断电源、气源，并认真清理场地及设备工具。

3.2 基 本 知 识 点

3.2.1 设备结构

空气锤的外形及工作原理如图 3-1 所示。剪板机和曲柄压力机外观如图 3-2 所示。

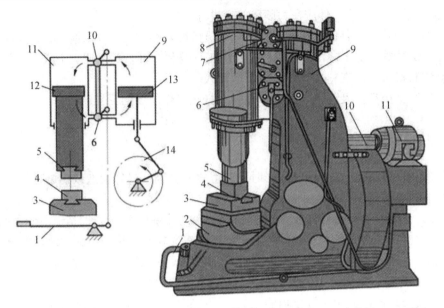

1—踏杆；2—砧座；3—砧垫；4—下砧块；5—上砧块；6—下旋阀；7—上旋阀；8—工作缸；
9—压缩缸；10—减速机构；11—电动机；12—工作活塞；13—压缩活塞；14—曲柄连杆机构。

图 3-1　空气锤外形及工作原理图

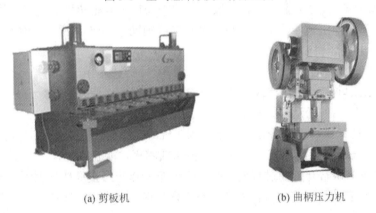

(a) 剪板机　　　　　　　　　　(b) 曲柄压力机

图 3-2　剪板机和曲柄压力机外观图

1. 空气锤的工作原理

图 3-1 中电动机 11 通过减速机构 10 及曲柄连杆机构 14，带动压缩缸 9 内的压缩活塞 13 上下往复运动，将压缩空气经上、下旋阀 7、6 送入工作缸 8 的上腔或下腔，驱使锤杆和锤头上下运动进行打击。通过踏杆 1 操纵控制阀可使锻锤空转、提锤、锤头下压、连续打击和单次锻打等完成多种动作，满足锻造的各种需要。

2. 剪板机的工作原理

剪板机的工作原理如图 3-3 所示。手动三位四通换向阀 6 推向左位(即左位接入系统)，此时活塞在压力作用下向下运动，对板料进行剪切加工。加工完后，将阀 6 手柄推向右位(即右位接入系统)，活塞向上运动，刀片上抬，到一定位置，将阀 6 手柄推入中位，活塞停在此位置。剪切第二次时，重复上述操作。

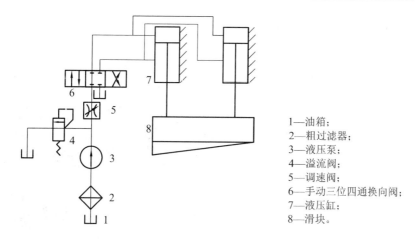

1—油箱；
2—粗过滤器；
3—液压泵；
4—溢流阀；
5—调速阀；
6—手动三位四通换向阀；
7—液压缸；
8—滑块。

图 3-3　剪板机的工作原理图

3. 曲柄压力机的工作原理

曲柄压力机是通过传动系统把电动机的运动和能量传递给曲轴，使曲轴作旋转运动，并通过连杆使滑块产生往复运动，从而实现冲压加工的运动及动力要求。图 3-4 所示为曲柄压力机的工作原理图。电机 1 通过皮带轮 2、小齿轮 3、大齿轮 4(飞轮)和离合器 5 带动曲轴旋转，再通过连杆 6 使滑块 7 在机身的导轨中作往复运动。将模具的上模固定在滑块 7 上，下模固定在机身工作台上，压力机便能带动上、下模对材料加压，依靠模具将材料制成工件。离合器 5 由脚踏板通过操纵机构操纵，在电机不停机的情况下可使曲柄滑块机构运动或停止。制动器与离合器密切配合，可在离合器脱开后将曲柄滑块机构停止在一定的位置上(一般是在滑块处于上止点的位置)。大齿轮 4 还起飞轮作用，使电机的负荷均匀，有效地利用能量。

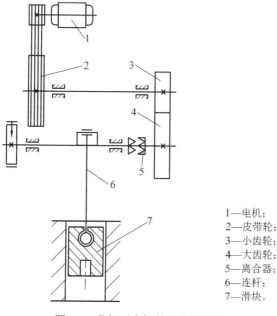

1—电机；
2—皮带轮；
3—小齿轮；
4—大齿轮；
5—离合器；
6—连杆；
7—滑块。

图 3-4　曲柄压力机的工作原理图

3.2.2　自由锻的主要工序

锻造过程需采用若干工序并按一定的顺序组合。自由锻的主要工序包括拔长、镦粗、冲孔、弯曲等，如图 3-5 所示。

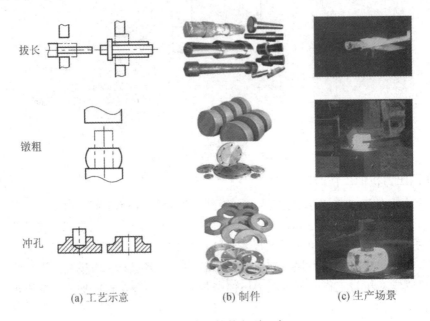

拔长

镦粗

冲孔

(a) 工艺示意　　　　　　(b) 制件　　　　　　(c) 生产场景

图 3-5　自由锻的主要工序

3.2.3　模型锻造

模型锻造(模锻)是将加热后的坯料放入具有一定形状和尺寸的锻模模腔内，施加冲击力或压力，使其在有限制的空间内产生塑性变形，从而获得与锻模形状相同的锻件的加工方法。

模锻与自由锻相比具有生产效率高，锻件形状和尺寸准确，加工余量小，材料利用率高，锻造流线完整等优点，有利于提高零件的机械性能，可锻造形状较为复杂的锻件。但模锻设备投资大，模具制造周期长、成本高，且模锻生产还受到设备吨位的限制。因此，模锻适合于中小型锻件的大批量生产。目前，模型锻造已广泛应用于汽车、航空航天、国防工业和装备制造业。图 3-6 所示为一汽车曲轴模锻件和锻模。

(a) 曲轴模锻件　　　　　　　　　(b) 锻模

图 3-6　曲轴模锻件和锻模

模锻按使用设备的不同，可分为锤上模锻和压力机模锻两种。在模锻锤上进行锻造生产的方法称为锤上模锻。锤上模锻因其工艺适应性较强，且设备价格较低，是目前应用最广泛的模锻工艺。

3.2.4　板料冲压

板料冲压是通过装在冲床上的冲压模具对金属板料施压，使之产生分离或变形，从而获得所需形状、尺寸和性能的零件或毛坯的加工方法。这种方法通常是在常温条件下加工，故又称为冷冲压。板料冲压是金属塑性加工的基本方法之一。适用于板料冲压的材料是具有较好塑性的金属板材，如低碳钢、奥氏体不锈钢、铜或铝及其合金等。

板料冲压尺寸精度高、表面光洁、质量轻、刚度好，一般不再进行其他机械加工。冲压工艺过程易于实现机械化和自动化，生产效率很高，因此在机械制造中广泛应用，特别是在汽车、电器、仪表及日用品的生产中占有重要地位。

板料冲压过程可分为分离和变形两大工序。分离工序是使板料按不封闭轮廓线分离的工序，又称为切断，通常是在剪床上将大板料或带料切断成适合生产的小板料、条料。变形工序包括冲裁、拉深、弯曲等，如图 3-7 所示。

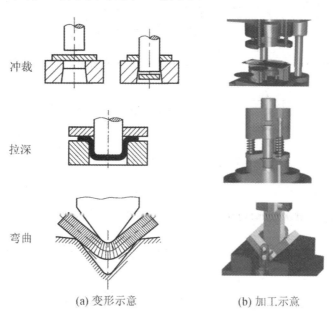

冲裁

拉深

弯曲

(a) 变形示意　　　　　　　　(b) 加工示意

图 3-7　冲压主要变形工序

3.2.5　冲压模具

冲压模具是保证冲压质量和效率的关键部件。根据工序组合程度分类，可将模具分成单工序模、复合模、级进模三种。

(1) 单工序模：在冲床滑块的一次行程中只完成一道工序。它适用于小批量生产。如图 3-8 所示为单工序冲模图。冲模分上模(凸模)和下模(凹模)两部分。上模借助模柄固定在冲床滑块上，随滑块上下移动；下模通过下模板由凹模压板和螺栓安装在冲床平台上。

(2) 复合模：只有一个工位，在压力机的一次行程中，在同一工位上能同时完成两道或两道以上的冲压工序。

(3) 级进模(也称连续模)：在毛坯的送进方向上，具有两个或更多的工位，在压力机的一次行程中，在不同的工位上逐次完成两道或两道以上的冲压工序。

复合模和级进模在冲床滑块的一次行程中，均能同时完成多道冲压工序。级进模在不同工位完成冲压工作，复合模利用一套凸凹模完成冲压工作。二者生产效率高，容易实现自动化，但是模具精度要求高，成本高。

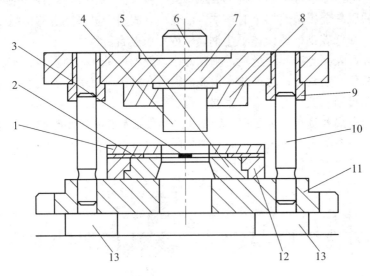

1—卸料板；
2—导料板；
3—定位销；
4—凸模；
5—凹模；
6—模柄；
7—上模板；
8—凸模固定板；
9—导套；
10—导柱；
11—下模板；
12—压板；
13—基座。

图 3-8　单工序冲模

3.3　实训案例

3.3.1　齿轮毛坯锻造工艺分析

齿轮毛坯锻件如图 3-9 所示，加工工艺过程如表 3-1 所示。

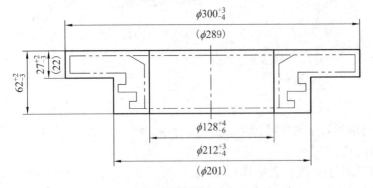

锻件名称：齿轮毛坯；
锻件材料：45钢；
生产数量：20件；
坯料规格：$\phi20\times220$；
加工设备：750kg空气锤；
锻造温度：800～1200℃。

图 3-9　齿轮毛坯锻件

表 3-1 齿轮毛坯的自由锻工艺过程

序号	工序名称	简 图	操作方法	工 具
1	镦粗	$\phi160$ 124	平砧镦粗全 $\phi160\times124$	火钳
2	垫环局部镦粗	$\phi288$ 40 $\phi160$	采用垫环局部镦粗,形成 $\phi160$、$\phi288$ 的台阶轴	火钳、镦粗垫环
3	冲孔	$\phi80$	双面冲孔	火钳、$\phi80$ 的冲子
4	扩孔	$\phi128$	扩孔分两次进行,每次径向扩孔量分别为 25 mm、23 mm	火钳、$\phi105$、$\phi128$ 冲子
5	修整	$\phi212$ 62 $\phi128$ $\phi300$ 28	边旋边轻打至外径 $\phi300$ 后,轻打平面至 62	火钳、冲子、镦粗垫环

3.3.2 金属小盒制作工艺分析

金属小盒如图 3-10 所示,加工工艺过程如下。

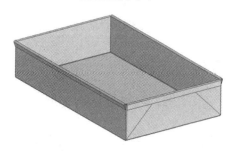

图 3-10 金属小盒

1. 放样与下料

(1) 放样:将产品实例的形状和尺寸进行几何展开,这里主要是把金属小盒的侧面、端面及卷边的投影呈水平或竖直展开,形成展开图纸。

(2) 下料:产品几何展开后,根据公式计算,把金属小盒整板的下料尺寸计算出来。

然后使用剪板机下料。

2. 划线

(1) 划线基准：找出裁剪后整张板的垂直角，分别以直角相邻的两边作为水平和竖直方向的基准线。

(2) 正确绘制折弯线及冲角线。划线工具为钢板尺、直角尺、划针。

3. 剪角与冲角

如图 3-11 所示深色部分为冲剪掉的多余材料。使用工具为薄边铁剪和直角冲压机。将小型直角冲压机冲头边缘与图中标记数字 1 的区域边缘重合，冲掉直角矩形材料；再利用铁剪按照图中标记数字 2 的三角形边缘，减掉三角区域材料。以此类推，冲剪其他部分。

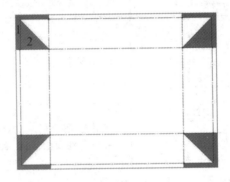

图 3-11　剪角与冲角

4. 折弯

(1) 折弯：制作的金属小盒要求"横平竖直"，折弯高度要求准确，折弯线平行。

(2) 折弯顺序为先折小边再折大边，侧边与端面为顺序折弯。

(3) 使用工具：折弯机、木槌(用于折弯修复)。

5. 收边整形

(1) 要求利用折弯机折出三组垂直面，另一侧端面手工操作。

(2) 将端面的卷边抱紧包角，固定折边区。

(3) 侧边卷边。

3.3.3　连接件冲压工艺分析

连接件如图 3-12 所示。该零件材料采用 Q235A 钢板，厚度 1.2 mm，大批量生产。

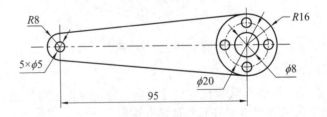

图 3-12　连接件

零件冲压工艺过程分析如下：

(1) 冲压件分析：该零件材料采用 Q235A 钢板，厚度 1.2 mm，大批量生产。

(2) 工序分析：该零件从结构上看主要有剪切、落料、冲孔三道工序。

(3) 冲压模具工艺分析。有三种方案可选择：

① 单工序模：先落料，后冲孔，效率较低，精度不够。

② 复合模：落料—冲孔复合冲压，但模具强度较低，操作麻烦。

③ 级进模：冲孔—落料级进冲压，冲压件精度和模具强度都能保证，效率也高。

综合上述分析，冲压工艺采用级进模设计，模具结构如图 3-13 所示。

(4) 冲压模具设计，包括：

① 冲压力的大小计算。

② 排料方式的确定计算。

③ 压力中心的确定及相关计算。

④ 冲压件刃口尺寸计算。

⑤ 卸料橡胶的设计。

模具的整体设计还包括以下内容：冲压模具采用级进模，导料板，无侧压装置，挡料销初定距，导正销精定距。采用弹性卸料，下出件。导向方式采用中间导柱。两个导正销分别借用工件上 $\phi5$ 和 $\phi8$ 两个孔作导正孔。其余包括导料板、卸料部件模架及其他零部件的设计。

(5) 冲压模具制造：采用一般线切割机床制造模具完全能达到冲压件要求的精度。

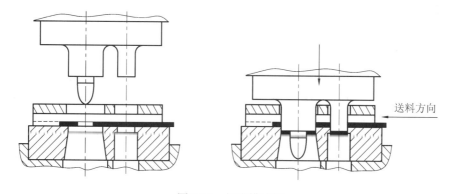

送料方向

图 3-13 级进模结构

3.3.4 钣金虚拟仿真实训

1. 实训目的

冲压设备实训是工程基础实训的重要内容之一。冲压设备体积大、占地面积多、操作危险，而且设备价格昂贵，一般高校的工程训练中心只能采购少量的此类教学设备，有的学校甚至没有。由于上述原因和教学条件的制约，在此模块教学中大部分学校只能压缩课时，教师作现场讲解和示范操作。这种教学方式学生参与度低、教学信息量小，难以看清冲压机床的加工过程，教学效果较差，不能满足以学生为中心的人才培养需求。但如果采用真实教学资源进行工程实训，教学成本又太大、操作过程危险系数高且短时间教学难以达到预期的教学效果。

解决冲压实训教学中这些难题，必须借助现代信息技术，采用虚拟仿真教学手段，改革课堂教学方式，增加教师与学生互动，提高学生实际参与度。虚拟仿真教学具体过程如下：

(1) 设置虚拟仿真实训项目，使学生可以在网络上学习辅导材料、进行仿真实训和在线答疑。通过教学项目的学习，学生能较快地掌握相关数控设备的操作方法，了解实训操作流程并掌握相关的知识点。仿真教学环境较强的真实感和临场感，能激发同学们的学习兴趣和热情，增强实训教学效果。

(2) 进入虚拟仿真实训项目后，学生面向实际加工进行机床仿真操作，实现一人一机的练习，不会造成实际机床的损坏，也没有安全隐患，学生可以较快地掌握机床的操作。数控加工虚拟仿真实训通过网络进行开放，学生的学习不再受数控设备台数、时间、地点等问题的制约。由于采用网络化、开放式教学模式，可让学生实现自主学习，形成线上线下相结合、课上课下相对应的工训教学新模式，实现全时域、全空域、全受众的智能学习。

(3) 在虚拟仿真实训项目中，学生按照产品加工工艺，完成零部件的虚拟加工、检验和装配整个过程的操作。虚拟仿真教学项目将新设备、新工艺融合到整个实训教学过程中，学生不仅能掌握传统设备的使用，也能了解新设备、新工艺的发展和运用。

虚拟仿真教学项目的设计以产品制造为载体，以虚拟仿真教学为手段，将产品制造过程中的工艺方法、基础理论、设备认知和使用作为一个整体呈现。既有工程制图的应用又有设备操作的实训和工艺方法的学习，学生不仅学习各门理论基础知识，了解新装备、新工艺的发展与运用，更通过这样的实训项目提高运用所学知识解决实际问题的能力，培养实践能力和创新精神，满足新工科对实践教学的新要求。

2. 实训原理

钣金加工虚拟仿真实训以典型电气柜作为加工对象，考查学生识图制图、安全生产、制造工艺等理论知识的应用能力，要求学生掌握板料冲压、焊接、装配等典型的加工工艺、制造过程及设备的操作。

进入虚拟实训系统后，在默认的工厂环境下，根据任务路线导航，首先，从产品库中选定加工对象，然后确认正确的加工图纸，学习了解给定的加工工艺路线，做好加工准备；随后进入安全教育和零件加工模块，学习安全生产知识并以选定的零件为加工对象，根据工艺路线，按照相应设备安全操作规程进行零件虚拟加工实训；完成前期实训环节后，最后进行组件焊接、表面处理、装配及产品检验，最终完成零件—组件—产品的虚拟仿真训练。系统对学生整个实训环节的操作过程进行记录，最后给出实训评价。

3. 实训设备

1) 数控剪板机

数控剪板机常用来裁剪直线边缘的毛坯。采用蜗轮蜗杆传动，光杆丝杆同心，噪声低，同时采用钢板焊结构，液压传动，蓄能器回程，操作方便，性能可靠，外形美观。

数控剪板机的软件系统由 CNC 数控系统与位置编码器组成闭环控制，速度快、精度高、稳定性好，能精确地保证后挡料位移尺寸的精度，同时数控系统具有补偿功能及自动检测等多种附加功能。图 3-14 所示为 QC12K-3200 型数控剪板机。

图 3-14　数控剪板机

2) 激光切割机床

金属激光切割机床是以激光为工具进行加工的新式机床，适用于钣金件的切割加工。主要优点有：切割质量好、切缝窄、工件变形小、切割效率高、非接触式切割、清洁、安全、节能、无污染等。图 3-15 所示为 ZT-J-6060M 型激光切割机床。

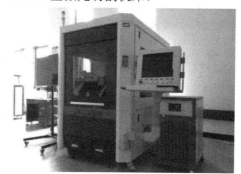

图 3-15　激光切割机床

3) 数控转塔冲床

数控转塔冲床是集机、电、液、气于一体化，在板材上进行冲孔加工、浅拉深成形的压力加工设备。该设备通过自动(或手工)编制的加工程序，由控制系统发出指令，通过伺服系统驱动机床的执行机构，实现对板料的压力加工。图 3-16 所示为 DOOHE-305Y(16 工位)型数控转塔冲床。

图 3-16　数控转塔冲床

4) 数控折弯机床

数控折弯机床将板料分别固定在上、下工作台的弯模上，由液压系统驱动工作台作相对运动，从而实现板料的折弯成形。图 3-17 所示为 PSC10032K(AS)型数控折弯机床。

图 3-17　数控折弯机床

4. 实训流程

本实训项目，共包含"7 大模块+2 种模式+12 个交互操作步骤"。

1) 7 大模块

"7 大模块"分为 6 个"任务模块"和 1 个"考核模块"，包括实验介绍、认识工厂、加工准备、安全教育、机床操作、产品制造、考核评价。"任务模块"如图 3-18 所示。

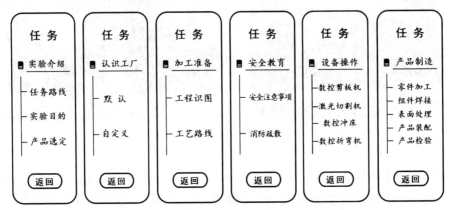

图 3-18　任务模块

"实验介绍"模块，可以查看实验任务路线、了解实验目的、明确考核要求，同时在产品库中选定待加工产品。考核模式下则以此为导航，逐步进行实验操作。

"认识工厂"模块，默认模式为天津大学实践教学中心，可以查看工厂环境，熟悉现有的钣金加工设备。在自定义模式下，不同学校也可根据实际情况进行设备选择及增减。

"加工准备"模块，将所选产品的零件按加工工艺相似性分类，选出每类中最具代表性的零件进行工程图识图考核，同时学习待加工零件的机械加工工艺过程卡及检验工序卡。考核模式下则以此为依据进行零件的加工。

"安全教育"模块，要求学生在实训前学习钣金加工安全注意事项，熟悉实践教学中心消防疏散路线。在考核模式下对学生进行入厂安全考察(人身安全与设备安全)。

"设备操作"模块，选择相应钣金加工设备，掌握其安全操作规程，在导航栏及操作提示语的指引下，学习设备的操作方法。

"产品制造"模块，学生根据零件工程图、机械加工过程卡片进行虚拟加工。零件加工完毕后，经过虚拟检验，进行组件焊接及产品的整体拼焊，从零件库中依次调用相应标准件进行产品装配，最终完成产品的制作过程。

"考核评价"模块，实验系统全过程记录学生的操作痕迹，最后生成考核评价。

2) 2 种模式

"2 种模式"包括学习模式和考核模式。学习模式为学生认知学习的过程，每步操作均有相关提示语的引导，学生可以在较短时间内掌握实训内容，其流程如图 3-19 所示。

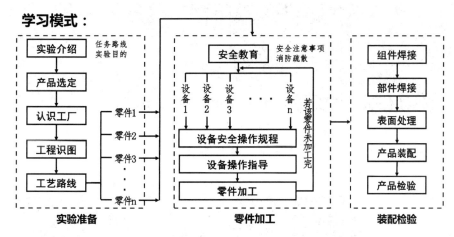

图 3-19 学习模式流程图

考核模式是在学习模式的基础上进行的，学生在领取实验任务后，综合运用学习过的工程制图、金属工艺学理论等知识，根据工艺流程要求和设定的不同工艺条件，解决加工过程中的技术难点，完成产品整个虚拟加工过程。系统会根据学生的操作情况给出相应反馈，并全过程记录操作痕迹，最终给出考核评价。考核模式流程如图 3-20 所示。

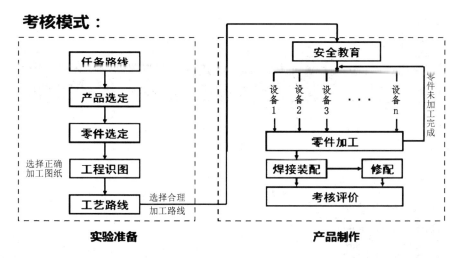

图 3-20 考核模式流程图

3) 12 个交互操作步骤

本实训项目的 12 个交互操作步骤详见以下内容。其中的登录实验平台网址不算在这 12 个交互操作步骤中。

5. 实训过程指导

1) 登录实验平台网址

登录网址 www.ilab-x.com，注册后登录实验平台，如图 3-21 所示。

图 3-21　实验平台

2) 选择虚拟仿真项目

进入"智能实验室"，从全部课程中搜索"工程实训""天津工业大学"如图 3-22 所示，点击进入学习。

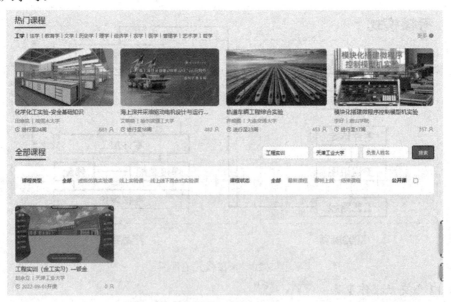

图 3-22　选择实训项目

进入项目后，点击"我要做实验"完成跳转(如图 3-23 所示)，进入实验环境(注意：第一次进入需要下载插件，请按要求用 360 安全浏览器极速模式进行下载)，点击实验台出现的教学项目"开始实验"。

图 3-23　选择做实验

3）查看实验路线及认识工厂环境

进入"实验介绍"模块，了解整个实验的任务路线、实验目的，从产品库中选定待加工产品，如图 3-24 所示。进入"认识工厂"模块，熟悉默认模式的工厂环境，如图 3-25 所示，可以浏览、认识工厂环境。

图 3-24　选定待加工产品

图 3-25　认识工厂环境

4) 工程识图

为锻炼识读工程图的能力，需要根据零件的功能选择出正确的零件图。每种零件配有四张图纸，一张为正确的图纸，其余三张为含有错误的图纸。错误内容为常见错误，如：比例不合适、缺少尺寸或尺寸封闭、投影视图错误、投影视角有问题等。此步实验操作中，要选择一个待加工零件，根据所加工产品与装配图对照研读系统中提供的图纸，选择一张往下一步进行，如选择正确则系统记录下来，此步得到满分，如选择图纸错误或有缺陷，只要能制造就往下进行，虚拟实验中会展现出该图纸零件加工可能出现的情况，发现问题时，需要同学们提出相应的解决方法。如出现缺尺寸，系统在零件加工或装配时发现，通过临时增加工序完成，系统也会记录下来。这种结果重现的方式有助于加深印象，提高工程识图能力。工程识图界面如图 3-26 所示。

图 3-26　工程识图界面

5) 熟悉工艺路线

查看所选零件的机械加工工艺过程卡片及检验工序卡片，如图 3-27 所示，熟悉零件的加工工艺路线。在考核模式下，需要对零件各加工工序进行排列，填入工艺卡片，并以此为依据进行后续的零件加工。

在这个模块中对于每张图纸都做了相应的工艺流程，在该界面中根据设定的生产批量，填入工序内容，编排工艺流程，最后呈现加工后的实际结构；对于明显不可实现的工艺路线，系统中会给出文字说明，对于可行的选择 2 到 3 个方案继续往下进行，最后再给出工艺评价。

图 3-27　工艺路线

6) 进行安全教育

为了强化安全意识，保证人身安全和设备安全，工程训练前的安全教育必不可少，如图 3-28 所示。安全注意事项中以图文并茂的方式展示了实习人员着装、行为举止等注意事项；对操作机床设备存在的安全隐患进行梳理；还展示了紧急情况下实习人员的安全疏散路线。在考核模式下，系统自动弹出文本或图片，需要判断正误，系统会自动记录，并作为最终考核评价的依据。

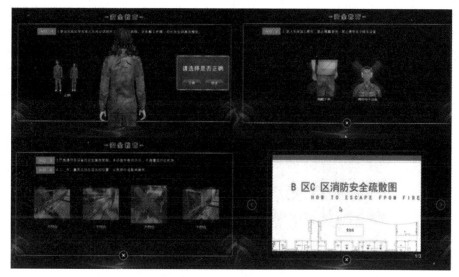

图 3-28　安全教育

7) 板料裁剪操作

(1) 进入数控剪板机操作环境。

进入系统后点击任务栏内的"机床操作"进入机床操作菜单；在机床操作菜单下点击"剪板机操作"进入剪板机操作环境。

(2) 了解数控剪板机的特点和安全操作规范。

进入剪板机操作环境后弹出数控剪板机介绍，点击"关闭"按钮后弹出数控剪板机的安全操作规程，点击"开始实验"按钮进入剪板机实验环节。

(3) 开机。

首先打开总电源开关，包括剪板机和空气压缩机的电源；然后将机床电源开关旋转90°，给剪板机通电，如图 3-29 所示；给剪板机的数控控制系统通电；松开剪板机床的急停开关，急停开关复位之后机床的其他操作才能继续；依次打开机床托板开关，油泵系统通电，液压泵的运行可以保证剪切刀刃的正常运行。

图 3-29　剪板机通电

(4) 系统参数设置。

首先根据需要剪切板材的厚度调节上下刀刃的剪切间隙，剪切间隙取板厚的 0.1 或 0.12。例如：加工 1 mm 的板料，间隙调到 0.1，操作步骤如图 3-30 所示。之后进入机床系统的编辑模式，点击"编辑"按钮，根据工艺卡片输入需要剪切板材的长度参数(单位为 mm)，如图 3-31 所示。设置完参数之后，踩一下脚踏板，机床后挡板移到参数设置的相应位置。

图 3-30　调节剪切间隙

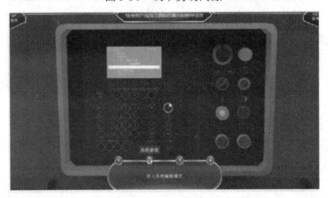

图 3-31　参数输入

(5) 剪切加工。

板材垂直于挡板上料，准备加工；固定好板材之后，踩下脚踏板，进行板料剪裁，如图 3-32 所示。剪裁完之后，取下板料，剪切过程结束。

图 3-32　板料裁剪

(6) 关机。

关机时，首先油泵系统断电；关闭机床托板开关，按下急停开关；再关闭数控控制系统的电源，旋转机床控制箱的开关，剪板机整体断电，最后关闭总电源(包括机床和空气压缩机的两台机器的电源)。

8) 激光切割操作

(1) 放置板料、开机。

点击开始实验，根据高亮提示放置板料，关闭安全门。按顺序进行机床的开启操作，开机顺序不能颠倒，否则对机床有损坏。开机操作按以下顺序进行：打开电源(总电源及设备电源)、急停开关、总开关，启动电脑、驱动系统，按下激光按钮，打开光闸、红光，开启切割辅助气体。

(2) 加工前准备及加工。

设备进行加工前，需要进行激光切割头高度标定，调整切割参数等操作，具体操作步骤为：导入要加工的文件，点击工艺按钮，从系统文件中选择加工参数，如图 3-33 所示，点击数控按钮，选择模拟方式，预调整切割头 Z 向位置(距离被切割板材 3～5 mm)，然后点击 BCS100(浮头标定)，系统自动调整焦距，如图 3-34 所示，调整切割气体压力值，走边框操作，加工前准备完成。点击开始加工按钮，机床开始加工。

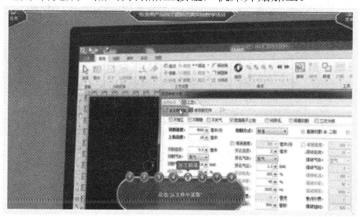

图 3-33　选择切削参数

图 3-34　调整焦距

(3) 关机。

严格按关机顺序操作，操作顺序为：关闭气体阀门，按卜吹气按钮(如图 3-35 所示)，关闭光闸、红光按钮，关闭操作系统，关闭电脑，关闭激光按钮，关闭系统总开关，按下急停按钮，关闭电源(机床电源及总电源)。

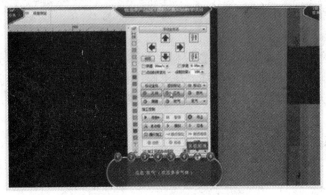

图 3-35　排除气体

(4) 松开夹具，取下工件，如图 3-36 所示。

图 3-36　取下工件

9) 零件冲裁操作

(1) 冲压程序编辑。

打开设备的编程软件，导入加工图纸。确定冲压起始位置，优化路径，并根据加工图纸选择冲压模具及其工位，如图 3-37 所示。最终生成机器程序。

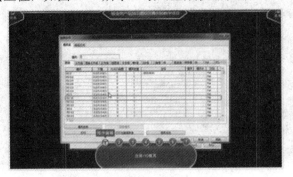

图 3-37　选择冲压模具及工位

确定冲压起始位置及优化路径，尤其在加工百叶时，编辑冲孔顺序应使短方向的退刀往开口的反方向。注意选择模具工位时要与模具实际工位一致，模具实际工位如图 3-38 所示。

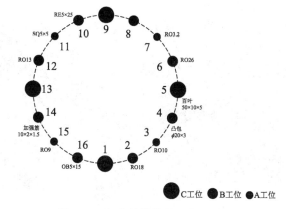

图 3-38　机床转塔模具工位示意图

(2) 开启设备及系统诊断。

开启电源(机床及空气压缩机)，打开空气压缩机气体阀门，给机床上电并开启系统，抬起急停开关，如图 3-39 所示。查看机床报警信息。

图 3-39　松开急停

(3) 上料及机床回参考点。

将板料紧靠在夹钳口定位面与原点销定位面上，如图 3-40 所示。夹钳闭合后方可移动工作台。冲压加工前，根据机床屏幕显示的报警信息，在手动模式下需将 $X/Y/W$ 轴向正/反方向进行短距离移动，之后使机床回参考点。

图 3-40　板料定位

(4) 冲压操作。

上传计算机中的加工程序到机床控制系统, 如图 3-41 所示。开启主传动电源, 点启动按钮执行冲压操作, 如图 3-42 所示。

图 3-41　上传程序

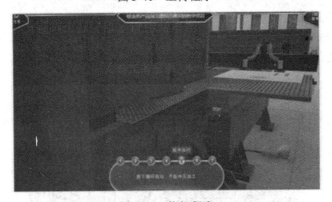

图 3-42　执行程序

注意冲压加工之前务必开启主传动电源, 如不接通主传动电源, 执行加工程序时将只是工作台移动, 冲压头不动作。

(5) 取料及关机。

松开夹钳, 取下板料。按下急停开关, 关闭机床系统后给机床断电, 最后关闭空气压缩机气体阀门并断开电闸。

10) 折弯操作

(1) 进入数控折弯机操作环境。

进入系统后点击任务栏内的"机床操作"进入机床操作菜单, 在机床操作菜单下点击"折弯机操作"进入折弯机操作环境。弹出数控折弯机介绍, 点击"关闭"按钮。弹出数控折弯机的安全操作规程, 点击"开始实验"按钮进入折弯机实验环节。

(2) 启动机床。

首先打开总电源开关, 然后顺时针旋转机床电源开关, 机床通电; 折弯机的数控系统通电; 松开折弯机床的急停开关(两处), 急停开关复位之后机床的其他操作才能继续; 按下油泵启动按钮, 油泵系统运行, 液压泵的运行可以保证折弯模具的正常运行; 机床数控系统进入自动运行模式, 如图 3-43 所示。按下自动运行按钮, 机床回参考点。

图 3-43　自动运行模式

(3) 设置系统参数。

根据图纸给定的零件得到要加工零件的厚度、折弯长度及角度加工参数；点击编辑按钮，机床数控系统进入编辑模式，输入加工零件的板材厚度、折弯长度及角度参数，如图 3-44 所示。设置好参数之后，踩下脚踏板运行机床。

图 3-44　输入加工参数

(4) 加工。

上料，板材需与挡料块紧密接触；固定好板材之后，踩下脚踏板，进行板料折弯；加工完成后，取下板料，如图 3-45 所示。折弯过程结束。

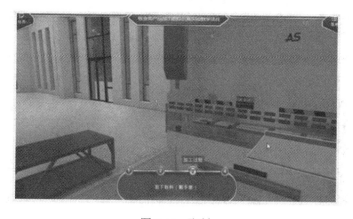

图 3-45　取料

(5) 关机。

关机操作按下列顺序操作：首先踩下脚踏板，将上模落到下模槽中(上下模之间可留2～5 mm间隙)，油泵系统断电。按下急停开关，再关闭数控系统的电源，如图3-46所示。逆时针旋转机床控制箱的开关，折弯机整体断电，最后关闭总电源。

图3-46　关闭系统

11) 零件焊接操作

(1) 开机并设定相关参数。

接通焊机电源，打开保护气体的气瓶开关，设定焊接用电压、电流参数、气体流量：根据材料厚度决定电流大小，同时根据电流大小决定焊接电压、焊丝直径和保护气体的流量。

具体工艺参数：

电流：一般为50～230 A。

电压：一般为22～40 V，常用范围为26～32 V。

气体流量：薄板焊接在5～15 L/min。

干伸长度：焊丝从导电嘴前端伸出的长度，一般为焊丝直径的10～15倍。

(2) 零件焊接。

按图纸要求将零件焊接成组件，如图3-47所示。再将各零件、组件焊接成机柜的主体部件，如图3-48所示。

图3-47　部件焊接

图 3-48　主体组件焊接

12) 装配操作

根据装配工序卡完成产品的整体装配。将加工好的零、部件与库中的零件(减震器、吊装环机柜前门、门锁、机柜背板及各种所需紧固件),按照装配工序卡进行产品的整体装配,如图 3-49 所示。

图 3-49　整体装配

13) 产品检验操作

按照检验卡正确选择量具对产品进行检验,如图 3-50 所示:

(1) 机柜外形符合图纸要求;

(2) 机柜各表面无鼓胀扭曲现象;

(3) 所有门板在装入机柜后与相邻的机柜外表面平行度不超过 1.5 mm/1000 mm;

(4) 平行缝隙的差度绝对值小于 1 mm/1000 mm;

(5) 柜门开关过程中无阻挡碰撞现象。

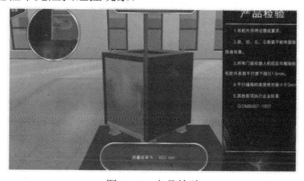

图 3-50　产品检验

第 4 章　车削工艺实训

 实训目的

- 了解车削加工的安全操作守则及实训要求。
- 了解巩固车床、车削加工等基本知识。
- 通过案例掌握车削的工艺过程。

4.1　实 训 安 全

车削加工是使用车床完成旋转体零件加工的工艺方法。车床通过主轴带动卡盘夹持工件旋转，转速一般为 $100\sim400$ r/min。根据车削的加工特点，从安全文明实训的角度出发，学生在参加实训时必须严格遵守以下事项。

4.1.1　车削安全操作守则

(1) 开车前，要认真检查车床各部位有无异常，防止开车时突然撞击而损坏车床。启动后，应低速运行几分钟，使各部位的润滑正常。

(2) 操作人员应穿工作服，防止飘逸的衣物意外卷入。如有长发应塞入帽内，袖口应扣紧，不允许戴围巾、手套等。

(3) 不允许在床面上放置物件。不允许在卡盘上、导轨上敲击或校直工件。

(4) 加工前，工件和刀具应装夹可靠，既要防止夹紧力过小松脱伤人，又要防止夹紧力过大损坏机床或工件。装夹工件后，卡盘扳手应随手拿下，严禁扳手未拿下就开车。

(5) 车床开动后，严禁触摸任何旋转部位，不允许测量或用丝织物擦拭旋转的工件。

(6) 变速时，必须先停车，后换挡。停车时不允许用手刹住旋转的卡盘。

(7) 操作时，不允许将头与工件靠得太近，防止切屑飞入眼中；清除切屑时，严禁用手直接清除或用嘴吹除切屑，必须使用专用的铁钩和毛刷。

(8) 工作结束时，应关闭电源，将车床清理干净，在导轨上加注防锈油，将各操作手柄置于空档，将大拖板、尾座摇至床尾。

(9) 工作结束后，清理所用的工具、量具、刀具和夹具等，并整齐有序地将其放入工具柜中。最后清扫场地。

4.1.2 车削实训要求

(1) 开车前检查车床各部分机构及防护设备是否完好，各手柄是否灵活，位置是否正确，首次开机应先空运转 1～2 min。

(2) 主轴变速时必须先停车，变换进给手柄要在低速下进行。

(3) 刀具、量具及工具等放置要稳妥，整齐、合理、便于取用。

(4) 工具箱内应分类摆放工具。

(5) 要正确使用和爱护量具。

(6) 不允许在卡盘或床身导轨上敲击或校直工件。

(7) 车刀磨损后应及时刃磨。

(8) 批量生产的零件，首件应送检。

(9) 毛坯、半成品和成品应分开放置。

(10) 图纸、工艺卡片应放置在便于阅读的位置。

(11) 使用切削液前，应在床身导轨上涂润滑油，若车削铸铁时应涂干润滑油。

(12) 工作场地周围应保持清洁、整齐。

(13) 实习结束后，将使用过的物件清洁后归位。

4.2 基 本 知 识 点

4.2.1 车床结构

普通车床结构如图 4-1 所示，主要组成部分如下：

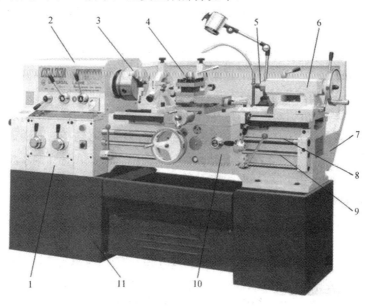

1—进给箱；2—主轴箱；3—卡盘；4—刀架；5—后顶尖；6—尾座；7—床身；8—丝杠；
9—光杠；10—溜板箱；11—底座。

图 4-1 车床结构

(1) 主轴箱(床头箱)。主轴箱内装有由滑移齿轮组成的变速机构。可通过改变手柄的位置来操纵滑移齿轮,从而获得不同的主轴转速。

(2) 卡盘。卡盘是机床上用来夹紧工件的机械装置。它是利用均布在卡盘体上的活动卡爪的径向移动,把工件夹紧和定位的机床附件。卡盘一般由卡盘体、活动卡爪和卡爪驱动机构三部分组成。卡盘体直径最小为 65 mm,最大可达 1500 mm,中央有通孔,以便通过工件或棒料;背部有圆柱形或短锥形结构,直接或通过法兰盘与机床主轴端部相连接。卡盘通常安装在车床、外圆磨床和内圆磨床上;也可与各种分度装置配合,用在铣床和钻床上。从卡盘爪数上可以将卡盘分为两爪卡盘、三爪卡盘、四爪卡盘、六爪卡盘和特殊卡盘。车床一般使用三爪卡盘或者四爪卡盘。从使用动力上可以将卡盘分为手动卡盘、气动卡盘、液压卡盘、电动卡盘和机械卡盘。从结构上可以将卡盘分为中空卡盘和中实卡盘。

(3) 刀架。刀架用来夹持车刀,在水平面内可作纵向移动、横向移动和斜向移动。它主要由以下几部分组成:

① 大拖板(大刀架):大拖板与溜板箱相连,可带动整个刀架沿床身导轨纵向移动。

② 中拖板(横刀架):中拖板可带动小拖板沿大拖板上的导轨作横向移动。

③ 小拖板(小刀架):小拖板可沿转盘上面的导轨作短距离移动。转动转盘后小刀架的移动用于车削圆锥面。

④ 转盘:转盘与中拖板用螺钉紧固。松开螺钉,在水平面内可扳转任意角度。

⑤ 方刀架:方刀架固定在小拖板上。可安装四把车刀,绕垂直轴转换刀架位置,即可快速换刀。

(4) 后顶尖。后顶尖有固定顶尖和回转顶尖两种。使用时可将后顶尖插入车床尾座套筒的锥孔内,用于定心并承受工件的重力和切削力,一般在加工细长轴类零件时使用。

(5) 尾座。尾座可安装顶尖,用来支承长轴的加工。也可安装钻头、扩孔钻或铰刀,用来加工孔。

(6) 床身。床身是用来支承车床的基础部分,并连接各主要部件。床身上面有两条互相平行的导轨,以确定刀架和尾座的移动方向。床身由床脚支承并固定在地基上。

(7) 丝杠和光杠。光杠的作用是导向,丝杠的作用是做伺服驱动,车床的光杠和丝杠都起传递转矩使刀架移动的作用。光杠从结构上不能保证精确的传动比,所以一般用来车外圆、端面、内孔等;丝杠的作用是主轴转一圈刀架能精确移动相应的距离,这样就能保证车出来的螺纹螺距相等,所以丝杠是用来车螺纹的;它们之间有互锁作用,即光杠工作丝杠就不工作,防止两个同时旋转而损害设备。

(8) 溜板箱(拖板箱)。溜板箱是车床进给运动的操纵箱,其上装有刀架。接通丝杠时,合上开合螺母,可车削螺纹。接通光杠时,刀架作纵向移动或横向移动,用来车削圆柱面或端面。

(9) 底座。车床底座起支承作用,一般用 HT150 制成。因为灰铸铁有良好的铸造性、耐磨性,减震性和切削加工性。

(10) 进给箱(走刀箱)。进给箱内也装有由滑移齿轮组成的变速机构,可以通过改变手柄的位置来操纵滑移齿轮,从而获得不同的光杠或丝杠转速,以实现不同的进给速度。

4.2.2　工件安装

车床上工件的安装方法如表 4-1 所示。

表 4-1　工件的安装方法

安装名称	简　图	描　述
三爪卡盘安装		三爪联动，自动定心，不需找正；应用最广泛，适于安装短轴及盘套类零件
四爪单动卡盘安装		四个单动卡爪可分别调整，需细致调整；适于安装方形、不规则形状或较大的工件
花盘安装	花盘　平衡铁　工件　安装基面　螺栓槽　弯板	安装及找正费时较多，需配平衡铁以防止加工时振动；适于安装形状复杂的工件
顶尖安装	拨盘　卡箍　前顶尖　后顶尖　卡箍螺钉	工件两端需钻中心孔，中心孔质量直接影响工件的加工精度；多次安装仍能保证较高的定位精度；适于安装长轴类工件或需多次安装且有同一基准的工件
心轴安装	(a)锥度心轴安装　(b)圆柱心轴安装	利用内孔定位，锥度内孔工件能压紧在心轴上，定位精度较高，但不能承受较大的切削力；圆柱面心轴与工件内孔采用间隙配合，定位精度较低；适于安装盘套类零件
中心架支承		当工件长度跟直径之比大于 25 倍时，工件本身刚性变差，在车削时，工件受切削力、自重和旋转时离心力的作用，会产生弯曲、振动，此时需要用中心架或跟刀架来支承工件。中心架支承在工件中间

安装名称	简　图	描　述
跟刀架 支承	 (a) 两爪跟刀架　　　　(b) 三爪跟刀架	对不适宜调头车削的细长轴，不能用中心架支承，而要用跟刀架支承进行车削，以增加工件的刚性

4.2.3　刻度盘和量具的使用

1. 刻度盘的使用

车削时，为了正确和迅速地掌握进刀量，必须熟练地使用中拖板和小拖板上的刻度盘。

(1) 中拖板刻度盘。

中拖板上的手柄、刻度盘和丝杠紧固在一起，丝杠螺母和中拖板紧固在一起。当手柄、刻度盘连带丝杠转动一周时，丝杠螺母、中拖板连带刀架移动一个螺距。所以，横向进给的距离(即进刀量)可根据刻度盘上的格数进行计算。

一般刻度盘一周是 200 格，丝杠的螺距为 4 mm。当刻度盘转动一格时，刀架横向移动的距离为 $4 \div 200 = 0.02$ mm

由于工件是旋转的，所以工件直径的改变量是刀具进刀量的两倍，即 0.04 mm。

当刻度盘转动 n 格时，刀架横向移动的距离为 $n \times 0.02$ mm，工件直径改变量为 $n \times 0.04$ mm。

当要求工件半径改变量为 ΔR 时，刻度盘应转过 $\Delta R \div 0.02$ 格。

当要求工件直径改变量为 ΔD 时，刻度盘应转过 $\Delta D \div 0.04$ 格。

注意：因为丝杠和螺母之间存在间隙，进刻度时，如果刻度盘手柄转过了头，不能将刻度盘直接退回到所要的刻度，而要多退一些再进至所需刻度。

(2) 小拖板刻度盘。

小拖板上的刻度盘主要用于控制工件长度方向的尺寸，其刻度原理和使用方法与中拖板相同。使用时应注意以下两个问题：

① 小拖板刻度盘上的一格与中拖板刻度盘上的一格，表示的移动距离可能不同。需看刻度盘上的标识。

② 中拖板是横向进刀，直径的改变量是两倍的进刀量。而小拖板是纵向进刀，主要用于控制长度方向的尺寸，工件长度的改变量等于进刀量，不是两倍的关系。

2. 量具的使用

车削加工时，为了测量工件的尺寸，必须熟练地掌握下面几种常用量具的使用：

(1) 游标卡尺；

(2) 千分尺；

(3) 百分表。

3. 试切的方法与步骤

工件在车床上安装以后，要根据工件的加工余量决定走刀次数和每次走刀的进刀量。半精车和精车时，为了准确地确定进刀量，保证工件加工的尺寸精度，只靠刻度盘来进刀是不行的。因为刻度盘和丝杠都有误差，往往不能满足半精车和精车的要求，这就需要采用试切的方法。试切的方法与步骤如下：

(1) 开车对刀，使车刀与工件表面轻微接触；

(2) 向右退出车刀；

(3) 横向进刀；

(4) 切削纵向长度1～3 mm；

(5) 退出车刀，进行测量。

以上是试切的一个循环，如果尺寸还大，则进刀仍按以上步骤循环进行试切，如果尺寸合格了，就按确定下来的切深将整个表面加工完成。

4.2.4　车削的应用范围和加工基本方法

车削的应用范围如图 4-2 所示。

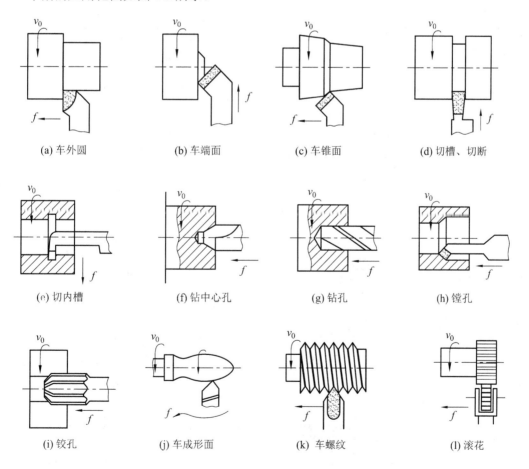

(a) 车外圆　　　　(b) 车端面　　　　(c) 车锥面　　　　(d) 切槽、切断

(e) 切内槽　　　　(f) 钻中心孔　　　　(g) 钻孔　　　　(h) 镗孔

(i) 铰孔　　　　(j) 车成形面　　　　(k) 车螺纹　　　　(l) 滚花

图 4-2　车削加工应用范围

车削加工的基本方法如表 4-2 所示。

表 4-2　车削加工的基本方法

车削方法	简　图	描　述
车外圆		车外圆通常需经过粗车和精车两个步骤。粗车时背吃刀量应取大些，约为 1～3 mm，进给量也可以大些，取 0.4～0.5 mm/r；精车时背吃刀量和进给量都要选小一点，背吃刀量约为 0.1～0.3 mm，进给量取 0.05～0.10 mm/r
车端面		车端面时刀尖必须对准工件的旋转中心，否则工件中心的余料难以完全清除，在端面的中心处会形成凸台，或崩断刀尖。在精车端面时多采用由中心向外进给的加工方法，以提高端面加工质量。靠近工件中心时要放慢速度
切槽		在车削中可以加工内槽、外槽及端面槽。切槽刀有一条主切削刃和两条副切削刃，安装时，刀尖与工件轴线等高，主切削刃与工件轴线平行。切槽刀的刀头宽度较小，对于小于 5 mm 的槽可以用切槽刀一次切出；大于 5 mm 的槽称为宽槽，可分多次切削
切断		切断处应尽可能靠近卡盘，以防止加工时工件振动而无法切削；切断刀伸出刀架不宜过长，接近工件中心时，要放慢进给速度，以免折断刀头；切断刀尖必须与工件中心等高，否则切断处会留有凸台，且容易损坏刀头
车锥面		常用车削锥面的方法有宽刀法、转动小刀架法、靠模法、尾座偏移法等几种。车削较短的圆锥时，可以用宽刃刀直接车出；当加工锥面不长的工件时，可用转动小刀架法车削；当车削锥度小、锥形部分较长的圆锥面时，可以用尾座偏移法；当车削精度要求较高批量较大的锥面工件时，常采用靠模法
车螺纹		车螺纹前先检查好所有手柄是否处于车螺纹位置，防止盲目开车；车削时要思想集中，动作迅速，反应灵敏；要防止车刀或者刀架、拖板与卡盘、床尾相撞；旋转的螺纹不能用手去摸或用棉纱去擦

续表

车削方法	简　图	描　述
钻孔、扩孔、铰孔	三爪卡盘　工件　钻头　尾座	在车床上加工圆柱孔时，可以用钻头、扩孔钻、铰刀进行钻孔、扩孔、铰孔工序
镗孔		镗孔是对粗加工孔的进一步加工，以达到图纸精度等技术要求
成形面加工		有些机器零件，如手柄、手轮、圆球、凸轮等，它们不像圆柱面、圆锥面那样母线是一条直线，而是一条曲线，这样的零件表面叫作成形面。在车床上加工成型面的方法有双手控制法、样板刀法和靠模板法等
滚花	网纹滚花刀　　直纹滚花刀	有些零件或工具为了便于握持和美观，往往在工件表面上滚出各种不同的花纹，这种工艺叫滚花。这些花纹一般是在车床上用滚花刀滚压而成的。花纹有直纹和网纹两种，滚花刀相应有直纹滚花刀和网纹滚花刀两种

4.2.5　切削运动三要素

切削速度、吃刀深度和进给量称为切削运动三要素。如图 4-3 所示为车削运动三要素。

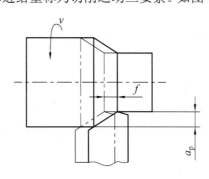

图 4-3　车削运动三要素

1. 切削速度 v_c

工件上待加工表面的圆周速度称为切削速度。切削速度表示切削刃相对于工件待加工表面的运动速度。计算公式如下：

$$v_c = \frac{\pi D n}{1000}$$

式中：D——工件待加工表面的直径(mm)；

n——车床主轴转速(r/min)。

在实际生产中，往往需要根据工件的直径来计算确定主轴的转速：

$$n = \frac{1000 v_c}{\pi D}$$

2. 吃刀深度 a_p

工件的待加工面与已加工面之间的半径差，就是吃刀深度。切削深度表示每次走刀时车刀切入工件的深度。计算公式如下：

$$a_p = \frac{D - d}{2}$$

式中：D——工件待加工表面的直径(mm)；

d——工件已加工表面的直径(mm)。

3. 进给量 f

工件每转一周时，车刀沿进给方向(纵向)的移动量，就是进给量。进给量是表示辅助运动(走刀运动)大小的参数(mm/r)。

4.3 实 训 案 例

4.3.1 阶梯轴车削工艺过程卡片设计

阶梯轴零件如图 4-4 所示。

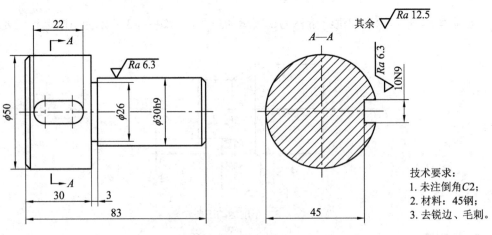

图 4-4 阶梯轴零件

阶梯轴单件小批量机械加工工艺过程卡片如表 4-3 所示。

表4-3　阶梯轴单件小批量机械加工工艺过程卡片

机械加工工艺过程卡片		产品型号		φ57×90	零(部)件图号				共一页
		产品名称			零(部)件名称	阶梯轴			第一页
材料牌号 45#	毛坯种类 棒料	毛坯外形尺寸 φ57×90	毛坯件数	每台件数 1			备注		
工序号	工序名称	工序内容	车间	工段	加工设备	工艺装备			工时/min
						夹具名称及型号	刀具名称及型号	量具与检测	
1	车	夹毛坯外圆一端： ① 车端面； ② 钻中心孔； ③ 掉头，夹毛坯外圆另一端； ④ 车另一端面； ⑤ 钻中心孔	1	1	CA6140	三爪卡盘	外圆车刀 中心钻	游标卡尺0~150	7
2	车	以两端中心孔定位： ① 车大外圆； ② 倒角； ③ 掉头，以两端中心孔定位(走刀三次)； ④ 粗车小外圆； ⑤ 精车小外圆； ⑥ 车台阶面； ⑦ 切槽； ⑧ 倒角	1	1	CA6140	三爪卡盘	外圆车刀	游标卡尺0~150	9
3	铣	① 粗铣键槽； ② 精铣键槽； ③ 去毛刺； ④ 终检	1	2	X62	铣床通用夹具	键槽铣刀	游标卡尺0~150	6
						编制(日期)	审核(日期)	会签(日期)	
标记	处数	更改文件号	签字	日期					

4.3.2　锤柄车削工艺分析

锤柄零件如图 4-5 所示。

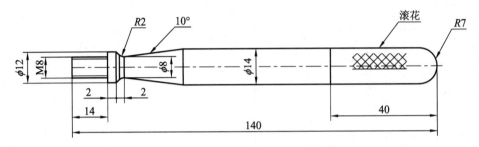

图 4-5　锤柄零件

锤柄是车工实训的主要加工件，它包含了除内腔加工外的大部分车加工内容，通过它可以很好地掌握车床操作及车刀选用。锤柄加工过程如下：

(1) 下料：截取长 140 的 $\phi14$ 圆钢一根。

(2) 车端面：用 90° 车刀在车床上先把两端面车平，伸出长度为 40。主轴转速为 420 r/min。

(3) 车外圆一：伸出 70 长用 90° 车刀车外圆，保证 $\phi12$，长 16，每次吃刀深度小于 1。主轴转速为 420 r/min。

(4) 车外圆二：用 90° 车刀车 $\phi7.8$，长 14，倒角 $1 \times 45°$，每次吃刀深度小于 1。主轴转速为 420 r/min。

(5) 套螺纹：用 M8 板牙套螺纹，长 14。主轴转速为 44 r/min。

(6) 车锥体：逆时针旋转小拖板 10°，用 90° 车刀车锥体，保证小端 $\phi8$、$R2$ 以及 $\phi12$、2，锐角倒钝，大端和 $\phi14$ 相交，每次吃刀深度小于 1 mm。主轴转速为 420 r/min。

(7) 滚花：加工另外一端，伸出 70 长，用滚花刀滚花，保证 40 长。主轴转速为 88 r/min。

(8) 车半球面：伸出 20 长，用 90° 车刀车 $R7$ 圆端。主轴转速为 420 r/min。

4.3.3　手把臂加工实训

手把臂零件如图 4-6 所示。在上述知识点及案例的基础上，请同学们对该零件进行加工工艺分析。

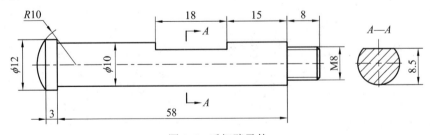

图 4-6　手把臂零件

第 5 章 铣刨磨工艺实训

 实训目的

- 了解铣刨磨安全操作守则及实训要求。
- 了解巩固铣削、刨削、磨削加工的基本知识。
- 通过案例掌握铣削、刨削、磨削的工艺过程。

5.1 实 训 安 全

铣刨切削主要使用铣床和刨床，针对平面沟槽类零件进行切削加工。磨削是在磨床上使用砂轮对零件进行精加工的主要方法。根据铣刨磨的加工特点，从安全文明实训的角度出发，学生在参加铣刨磨实训时必须严格遵守以下事项。

5.1.1 铣削安全操作守则

(1) 开机前必须穿戴好防护用品，严禁戴手套。

(2) 检查设备运转是否正常，工件刀具、夹具安装是否牢固可靠。

(3) 装卸工件、刀具、夹具和变速及测量工件时必须先停车。

(4) 工作台上不得放置工、量具及其他物品。

(5) 切削中，头和手都不得靠近铣削面，严禁用手摸刀具、工件和旋转物；高速切削时要戴防护镜和安装挡屑板，用毛刷清除切屑只能在停车后进行。

(6) 装卸立铣刀时，工作台面要垫木板；禁止用手托刀盘和握刀刃；弯曲刀杆不允许使用。

(7) 装卸刀具的扳手开度要适当，不得用力过猛；严禁开车松紧刀杆螺母或拉杆螺钉。

(8) 进刀时应用手摇慢速进刀，不能快速猛进，不能停车退刀。

(9) 快速移动工作台时，手柄要脱开。切削中不能突然变速，限位块要事先调整好。

(10) 实训完毕要关闭电源，清理场地，工件按定置管理规定摆放整齐。

5.1.2 刨削安全操作守则

(1) 工作前必须将个人防护用品穿戴齐全。

(2) 开车前检查机器各部位是否正常，机床周围有无障碍物。

(3) 机床开动后，严禁用手触摸转动部位；清扫机床切屑时，必须使用专用工具，严禁用手拉。

(4) 使用虎钳装夹工件时，夹紧力要适当；禁止用金属物敲打虎钳。

(5) 工作台上严禁放置工具和其他物品。

(6) 机床运转中严禁变速，须停车后方可变速调整。

(7) 机床运行过程中如发现不当或异常时，应立即向指导老师报告。

(8) 机床所有防护装置不允许随意拆卸。机床防护设备未安装好之前，不得进行操作。

(9) 实训完毕，整理好工具、夹具，并对机床各部位进行清理。

5.1.3 磨削安全操作守则

(1) 工作前要按规定穿戴好防护用品。

(2) 开机前，检查磨床各部位是否正常，并对有关部位注油润滑。

(3) 正确安装和紧固砂轮。新砂轮安装前要进行检查，用响声检查法检查砂轮是否有裂纹，校核砂轮的圆周速度不超过安全圆周速度。

(4) 各种砂轮都必须有砂轮防护罩，不得在没有防护罩的情况下进行磨削。磨削前，砂轮应经过 2～3 min 的空转试验。

(5) 磨削前，检查工件安装是否正确、牢靠。平面磨床磨削高而狭窄的工件时，工件前后要放挡块，磁性工作台的吸力要充分可靠；调整好换向块的位置并将其紧固。

(6) 工件加工结束后，应将砂轮进给手轮退出一些，以免装夹好下一个工件再开机时，砂轮碰撞工件而发生危险。

(7) 注意安全用电，不要随便打开电气控制箱和乱动电气设备；工作时发生电气故障应及时上报实习老师或安全员。

(8) 操作过程中，导轨、丝杠等关键部位要严防杂物入内；注意砂轮主轴轴承的温度；合理选择磨削用量，若切削量过大，易使砂轮破碎而造成危险。

(9) 实训完毕，清除磨床上的磨屑和冷却液，仔细擦洗干净，做好日常保养工作，应在关机状态下进行以上工作。

5.1.4 砂轮机安全操作守则

(1) 使用前要检查砂轮机安装是否牢靠，转动时不应有明显的振动现象。

(2) 更换砂轮时，必须检查砂轮有无缺陷，线速度是否适当；安装时夹紧力要适中，不得重力敲打；更换砂轮时，应由指定专业人员负责；砂轮更换后，应空转 3～5 min，视其运动的平衡状态再决定是否使用。

(3) 砂轮与防护罩的间隔要大于 5 mm，砂轮与磨刀托架的距离应控制在低于砂轮中心 3～5 mm 为宜。

(4) 砂轮起动后，运转达到正常速度后，方可进行磨削。

(5) 磨削一般钢料和高速钢刀具时，应使用氧化铝砂轮，磨削过程要及时冷却工件，防止烧伤工件或烫手；磨削硬质合金刀片应使用碳化硅砂轮，磨削过程中不能直接冷却刀片，以免刀片产生裂缝。

(6) 使用砂轮机磨削时，操作者必须戴防护镜，站立在砂轮侧(约 45°)进行磨削，严禁正对砂轮操作。

(7) 使用较薄砂轮磨削时，禁止使用砂轮侧面磨削。

(8) 不准戴手套和用布包裹工件进行磨削，避免砂轮带入布料而造成伤手事故。

(9) 注意均匀使用砂轮磨面，避免产生凹陷现象。砂轮机要定期进行检查和维护，确保砂轮机安全运行。

5.2　基本知识点

5.2.1　机床结构

铣刨磨加工所用机床种类很多，其中常见的有立式铣床、牛头刨床和外圆磨床，如图 5-1 所示。

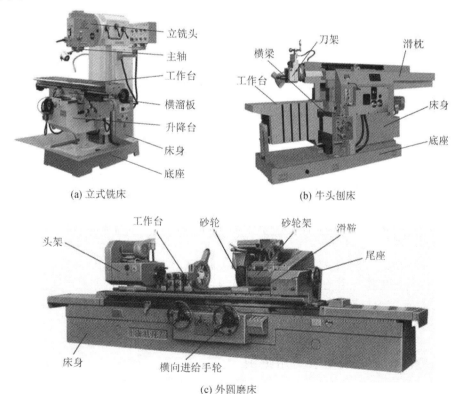

图 5-1　铣刨磨床结构

1. 立式铣床主要部件

立式铣床主要部件如下(见图 5-1(a))：

(1) 床身：固定和支承铣床各部件；

(2) 立铣头：支承主轴，可左右倾斜一定角度；

(3) 主轴：为空心轴，前端为精密锥孔，用于安装铣刀并带动铣刀旋转；

(4) 工作台：承载、装夹工件，可纵向、横向移动，还可水平转动；

(5) 升降台：通过升降丝杠支承工作台，可以使工作台垂直移动；

(6) 变速机构：主轴变速机构在床身内，使主轴有 18 种转速；进给变速机构在升降台内，可提供 18 种进给速度；

(7) 底座：支承床身和升降台，底部可存储切削液。

2. 牛头刨床主要部件

牛头刨床主要部件如下(见图 5-1(b))：

(1) 滑枕：前端装有刀架，主要用来实现刨刀的直线往复运动即主运动。滑枕的这一运动是由床身内部的一套摆杆机构来实现的，调节内部的丝杠螺母机构，可以改变滑枕的往复行程位置。

(2) 刀架：用来夹持刨刀。刀架可作垂直进给和斜向进给，斜向进给需要先将刀架偏转一定角度，再转动刀架手柄。刀架还可作抬刀运动，这样可以保证在回程时，刨刀能顺势向上抬刀以减小刨刀后刀面与工件的摩擦。

(3) 横梁：可沿床身导轨作升降运动。端部装有棘轮机构，可带动工作台横向进给。

(4) 工作台：用来安装工件，可随横梁做上下调整，沿横梁作水平进给运动。

3. 磨床主要部件

磨床主要部件如下(见图 5-1(c))：

(1) 床身：床身是磨床的基础支承件，床身上面装有砂轮架、工作台、头架、尾座及横向滑鞍等部件，这些部件在工作时保持准确的相对位置。床身内部用作液压油的油池。

(2) 头架：头架用于安装及夹持工件，并带动工件旋转，头架在水平面内可逆时针方向转 90°。

(3) 砂轮架：砂轮架用于支承并传动高速旋转的砂轮主轴。砂轮架装在滑鞍上，当需磨削短圆锥面时，砂轮架可以在水平面内进行±30°范围的调整。

(4) 尾座：尾座和头架的顶尖一起支承工件。

(5) 滑鞍及横向进给机构：转动横向进给手轮，可以使横向进给机构带动滑鞍及其上的砂轮架作横向进给运动。

(6) 工作台：工作台由上下两层组成。上工作台可绕下工作台的水平面回转一个角度(±10°)，用以磨削锥度不大的长圆锥面。上工作台的上面装有头架和尾座，它们可随着工作台一起沿床身导轨作纵向往复运动。

5.2.2　铣刨磨的加工特点和应用范围

1. 铣削加工

1) 加工特点

(1) 铣刀是多齿刀具，铣削过程中多个刀齿同时参与切削，无空行程。硬质合金铣刀可以实现高速切削，所以通常情况下生产效率较高。

(2) 切削力变动较大，易产生振动，切削不平稳。

（3）铣床、铣刀结构较复杂，且铣刀的制造与刃磨较困难，所以铣削成本较高。

（4）铣削经粗、精加工后都可达到中等精度。加工精度一般为 IT9～IT8，表面粗糙度 Ra 值为 1.6～6.3 μm。

2）加工范围

铣削加工范围很广，常见的有铣平面、铣沟槽、铣螺旋槽、铣成形面以及铣齿轮齿形等。常见的铣削加工方式如表 5-1 所示。

表 5-1　常见铣削加工方式

名称	简　图	描　述
铣平面	 周铣法　　　端铣法 顺铣　　　逆铣	铣平面的方法有两种：周铣法和端铣法，端铣法较为常用。但在很多场合，例如在卧式铣床上铣平面，周铣法较为适用。对于周铣又分顺铣和逆铣两种方式
铣斜面	 倾斜刀轴法　　　倾斜零件法	铣斜面主要有倾斜刀轴法和倾斜零件法两种方法
铣键槽	 敞开式　　半封闭式　　封闭式	键槽的形式可分为敞开式、封闭式和半封闭式三种。敞开式键槽一般用三面刃铣刀在卧式铣床上加工，封闭式键槽一般在立式铣床上用键槽铣刀或立铣刀加工，批量大时用键槽铣床加工
铣成形面	 工件　靠模　　立铣刀	成形铣刀的形状要与成形面的形状相吻合。零件的外形轮廓是由不规则的直线和曲线组成的，这种零件称为具有曲线外形表面的零件，一般在立式铣床上铣削

2. 刨削加工

在刨床上用刨刀对工件进行切削加工的过程称为刨削加工。刨削主要用来加工各种平面、直槽，也可以用来加工齿条、齿轮、花键及母线是直线的成形面等。刨削时，刨刀的直线往复运动为主运动，工件的间歇移动为进给运动。刨削加工具有以下工艺特点：

(1) 成本低廉。刨床结构比较简单，调整和操作较容易；刨刀为单刃，形状与车刀相似，制造、刃磨、安装比较方便，加工成本低廉。□

(2) 生产率较低。刨削加工的主运动为往复直线运动，受惯性力的限制，并为了减少刨刀切入和切出工件时所产生的冲击振动，主运动的速度不能太高；刨刀通常是单刃切削，且刨刀在返回的行程中，不进行切削，增加了辅助时间。因此，刨削加工的生产率一般比铣削低。但对于窄长平面的加工，刨削因工件较窄而减少了往复走刀的次数，生产率又高于铣削。

(3) 加工精度较低。刨削加工表面粗糙度 Ra 值为 $1.6 \sim 6.3 \ \mu\mathrm{m}$。但当在龙门刨床上用宽刃刨刀进行低速精刨时，其平面度可小于或等于 $0.02/1000$，表面粗糙度 Ra 值可达 $0.4 \sim 0.8 \ \mu\mathrm{m}$。

3. 磨削加工

1) 加工特点

用高速旋转的砂轮对工件表面进行切削加工，从而获得设计图纸要求的尺寸精度、几何形状、表面粗糙度的过程称为磨削加工。在机械制造业中，磨削是最常用的加工方法之一，可加工内外圆柱面、平面、螺旋面、齿轮齿廓面、花键、导轨和成形面等各种表面。磨削加工一般用于半精加工和精加工，其工艺特点如下：

(1) 砂轮相对于工件作高速旋转，一般砂轮的线速度可达 $35 \ \mathrm{m/s}$。因此磨削加工是一种高速、多刃、微量的切削加工过程。

(2) 能获得很高的加工精度和较低的表面粗糙度值。其加工精度可达 IT6～IT5，表面粗糙度 Ra 为 $1.25 \sim 0.01$，镜面磨削时 Ra 为 $0.04 \sim 0.01$。

(3) 加工范围广。磨削加工不但可以对未淬火材料、铸铁、有色金属等软材料进行加工，还可以对淬火零件、各种切削刀具及硬质合金等高硬度材料进行加工，例如淬硬钢、耐热钢及特殊合金材料等坚硬材料。

(4) 磨削温度高。磨削过程中，由于切削速度很高，砂轮和工件接触处会产生大量切削热(温度超过 $1000 \ ℃$)；同时，加工产生的高温磨屑在空气中发生氧化，生成火花，如果不对磨屑及时进行清理，高温磨削会直接改变工件材料的性能而影响质量。因此，为了减少摩擦，迅速散热，降低磨削温度，备有充足的冷却液并及时冲走磨屑是保证工件表面质量的关键。

2) 加工范围

由于磨削的加工精度高，表面粗糙度值小，能磨削高硬脆的材料，因此磨削加工在机械加工领域应用十分广泛。常用磨削加工方式如表 5-2 所示。

表 5-2　磨削加工方式

名　称	简　图	描　述
外圆磨削		外圆磨削主要用于各种轴类及套类零件的外圆柱面、外圆锥面及台阶端面的加工。其常用的磨削方法有三种：纵向磨削法、横向磨削法和综合磨削法
内圆磨削		内圆磨削的运动与外圆磨削相似，只是砂轮的旋转方向与磨削外圆时相反。内圆磨削方法分为纵向法和切入法
平面磨削		平面磨削的方法分为周面磨削和端面磨削。周面磨削是指用砂轮的圆周面进行磨削的方法；端面磨削则指用砂轮的端面进行磨削的方法
无心磨削	1—砂轮；2—托板；3—导轮；4—工件。	无心磨床用以磨削工件外圆。磨削时，工件不用顶尖定心和支承，而是放在砂轮与导轮之间，由其下方的托板支承，并由导轮带动工件旋转。磨削过程中工件运动稳定，易实现强力、高速和宽砂轮磨削

5.3　实　训　案　例

5.3.1　沟槽铣削工艺分析

沟槽零件如图 5-2 所示。

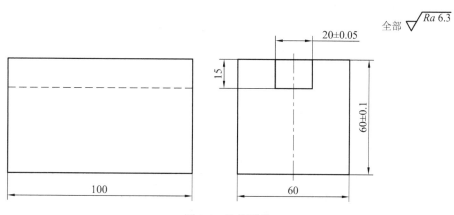

图 5-2　沟槽零件

沟槽零件铣削加工过程如表 5-3 所示。

表 5-3　沟槽零件铣削加工过程

工序号	工序名称	工序内容	加工简图	设　备
1	铣长方体	① 准备 105×65×65 的 45 钢毛坯； ② 铣基准面 1，选取面积最大的面为基准面； ③ 依次铣削 2、3、4、5、6 面，保证尺寸 100×60×60 及平行度要求		立 式 铣床，$\phi100$ 圆盘铣刀
2	粗铣沟槽	① 两次走刀纵向自动进给铣出宽 16，深 14 的沟槽； ② 调整横向和垂直工作台，分别纵向自动进给两侧铣去 1.5，底部留 0.5 余量		立 式 铣床，$\phi16$ 直柄立铣刀
3	精铣沟槽	① 测量确认横向背吃刀量 $\varDelta$ 和垂向背吃刀量 δ； ② 调整工作台后分别纵向自动进给两侧铣去 $\varDelta$，底部铣去 δ 余量		立 式 铣床，$\phi16$ 直柄立铣刀
4	检验	① 用锉刀去毛刺； ② 用游标卡尺或内径千分尺测量槽宽，用深度尺或游标卡尺测量槽深		

5.3.2　台阶零件刨削工艺分析

台阶零件如图 5-3 所示。

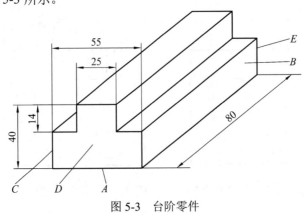

图 5-3　台阶零件

台阶零件刨削加工过程如表 5-4 所示。

表 5-4　台阶零件刨削加工过程

工序号	工序名称	工序内容	加工简图	设　备
1	刨长方体	① 准备 85×60×45 的 45 钢毛坯； ② 刨基准面 1，选取面积最大的面为基准面； ③ 依次铣削 2、3、4、5、6 面，保证尺寸 80×55×40 及平行度要求		牛头刨床，端面刨刀
2	粗刨台阶	用右偏刨刀和左偏刨刀分别粗刨左边和右边台阶		牛头刨床，右偏刨刀，左偏刨刀
3	精刨台阶	用两把精刨偏刀精刨两边台阶面，严格控制台阶表面间的尺寸		牛头刨床精刨偏刀
4	检验	① 用锉刀去毛刺； ② 用游标卡尺或内径千分尺测量相对面尺寸，用游标角度尺测量相邻面的垂直度		

5.3.3　精密短轴磨削工艺分析

精密短轴零件如图 5-4 所示。工件材料为 45 钢，车削后表面淬火，硬度达到 62 HRC。车削留 0.5 mm 的磨削余量。磨削时，砂轮线速度为 35 m/s。

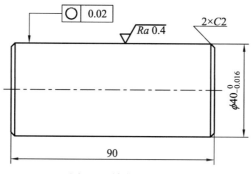

图 5-4　精密短轴零件

精密短轴零件加工工艺过程如表 5-5 所示。

表 5-5　精密短轴零件加工过程

工序号	工序名称	工序内容	工序件简图	设备
1	下料	锯切 $\phi45 \times 95$ 的 45 钢棒料	⌀45　95	锯床
2	车外圆、车端面、倒角	经车削加工后得到 $\phi45 \times 95$ 的短轴，留 0.5 的磨削余量	⌀40.5　90	车床
3	粗磨及半精磨	粗磨 3 次，每次磨去 0.1，半精磨 2 次，每次磨去 0.05	⌀40.1　90	外圆磨床
4	精磨	精磨 4 次，每次磨去 0.025～0.04，尺寸达图	⌀0.02　Ra 0.4　2×45° ⌀$40.1_{-0.016}^{0}$　90	外圆磨床
5	检验	用外径千分尺测外圆尺寸，用游标卡尺测长度		

第6章　钳工工艺实训

 实训目的

- 了解钳工的安全操作守则及实训要求。
- 了解巩固钳工加工设备与工具的用法等基本知识。
- 通过案例掌握锯削、锉削、钻孔、攻螺纹和套螺纹等工艺过程。

6.1　实训安全

　　钳工是在金属材料处于冷态时，利用钳工工具对金属材料及其工件进行切除加工的一种加工方法。钳工的工作范围广，一般以手工为主(有时也借助钻床等设备)，具有设备简单、操作方便、适用面广的特点，但生产效率低，劳动强度大，适合于单件、小批量生产或装配与维修作业。普通钳工技能包括划线、錾削、锉削、锯削、钻孔、扩孔、锪孔、攻螺纹、套螺纹、刮削和研磨等。从安全文明实训的角度出发，学生在参加钳工实训时必须严格遵守以下事项。

6.1.1　钳工安全操作守则

　　(1) 工作前先检查工作场地及工具是否安全，若有不安全之处及损坏现象，应及时清理和修理，并安放妥当。

　　(2) 使用錾子时，应先将刃部磨锋，尾部毛头磨掉；錾切时严禁錾口对人，并注意切屑飞溅方向，以免伤人。使用榔头要先检查把柄是否松脱，并擦净油污；握榔头的手不准戴手套。

　　(3) 使用的锉刀必须带锉刀柄，操作中除锉圆面外，锉刀不得上下摆动；应重推出轻拉回，保持水平运动；锉刀不得沾油，存放时不得互相叠放。

　　(4) 使用虎钳时，应根据工件精度要求加放钳口铜；不允许在钳口上猛力敲打工件；扳紧虎钳时，用力应适当，不能加加力杆；虎钳使用完毕，须将虎钳打扫干净，并将钳口松开。

　　(5) 使用卡钳测量时，卡钳一定要与被测工件的表面垂直或平行。

　　(6) 游标卡尺、千分尺等精密量具，测量时应轻而平稳，不可在毛坯等粗糙表面上测量，以免卡脚磨损。

(7) 使用千分表时，应使千分表与表架在表座上保持稳固，以免造成倾斜和摆动。

(8) 使用水平仪时，要轻拿轻放，不要碰击；接触面未擦干净前，不准将水平仪摆上。

(9) 攻螺纹与铰孔时，丝锥与铰刀中心均要与孔中心一致，用力要均匀；攻螺纹、套螺纹时，应注意反转，并根据材料性质，必要时加润滑油，以免损坏板牙和丝锥；铰孔时不准反转，以免刀刃崩坏。

(10) 实训结束后，收放好工具、量具，清理工作台及工作场地，精密量具应仔细清洁后存放在盒子里。

6.1.2　钳工实训要求

(1) 进入实训场地要穿工作服并佩戴好防护用品。不允许穿拖鞋，女同学和头发长的男同学要戴帽子。

(2) 钻孔时不能戴手套(很重要)。

(3) 钻床和砂轮机在使用前一定要检查是否正常。

(4) 不准擅自使用不熟悉的机床、量具和工具。

(5) 工具摆放应有一定的规律，严禁乱堆乱放。

(6) 清除切屑要用刷子或铁钩子，不能直接用手清除或用嘴吹。

(7) 使用电动工具要有绝缘防护和安全接地措施。

6.2　基 本 知 识 点

6.2.1　钳工设备

1. 钳工工作台

钳工工作台就是钳工使用的工作台，如图 6-1 所示。工作台边装有台虎钳，工作台尺寸和结构按工作需要制定，高度一般为 800～900 mm。

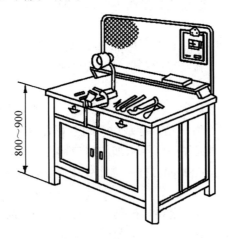

图 6-1　钳工工作台

2．台虎钳

台虎钳是用来夹持工件的工具。钳工常用的台虎钳有固定式和回转式两种，如图 6-2 所示。其中回转式台虎钳使用方便，应用广泛。台虎钳的规格是用钳口宽度表示的，常用的规格有 100 mm、125 mm 和 150 mm 等。

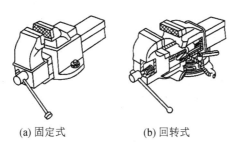

(a) 固定式　　　　　　(b) 回转式

图 6-2　台虎钳

3．砂轮机

砂轮机用来刃磨錾子、钻头、刮刀等工具；有时也可代替手工操作，进行修磨毛刺、棱边倒钝及磨削等。砂轮机如图 6-3 所示。

图 6-3　砂轮机

4．钻床

钻床是钳工用来钻削加工的设备。钻床有台式钻床、立式钻床和摇臂钻床，如图 6-4 所示。

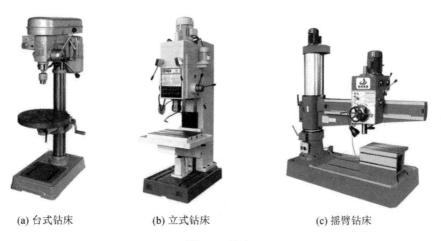

(a) 台式钻床　　　　　　(b) 立式钻床　　　　　　(c) 摇臂钻床

图 6-4　钻床

6.2.2　钳工的基本工艺方法

1. 划线

划线是根据图样的尺寸要求，用划线工具在毛坯或半成品工件上划出待加工部位的轮廓线或作出基准点、线的操作。

通过划线，可以确定加工面的加工位置和加工余量，也可以发现不合格的毛坯从而及时处理，还可以通过借料划线使误差较大的毛坯得到补救。

划线的种类分为平面划线和立体划线。平面划线是在工件或毛坯的一个平面上划线，如图 6-5(a)所示。立体划线是平面划线的复合，是在工件或毛坯的几个表面上划线，即在工件的长、宽、高三个方向划线，如图 6-5(b)所示。

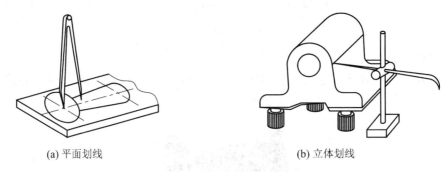

(a) 平面划线　　　　　　　　　　　　　　(b) 立体划线

图 6-5　划线的种类

划线的工具很多，按用途分为基准工具、量具、直接划线工具以及支承工具等。

(1) 基准工具。

划线平台是划线的主要基准工具，如图 6-6 所示。划线平台安放时要平稳牢固，上平面要保持水平。对上平面的各处要均匀使用，不许碰撞或敲击。要注意划线平台表面的清洁，长期不用时，应涂防锈油，并盖保护罩。

图 6-6　划线平台　　　　　　　　　　图 6-7　高度游标尺

(2) 量具。

划线常用的量具有钢尺、直角尺、游标卡尺、高度游标尺等。其中高度游标尺能直接测量高度尺寸，其读数精度和游标卡尺一样，可作为精密划线量具。高度游标尺如图 6-7所示。

(3) 直接划线工具。

直接划线工具有划针、划规、划卡、划针盘和样冲等。划针是在工件表面划线的工具，如图 6-8 所示。划针一般用工具钢或弹簧钢丝制成，尖端磨成 15°～20° 的尖角，经过热处理，硬度达 55～60 HRC。划规是划圆或划弧线、等分线段及量取尺寸等操作所使用的工具，其用法与制图中的圆规相同，划规如图 6-9 所示。划卡也称为单脚划规，用来确定轴和孔的中心位置。划针盘主要用于立体划线和工件位置的校正。用划针盘划线时，应注意划针装夹要牢固，伸出不宜过长，以免抖动。底座要保持与划线平板紧贴，不能摇晃和跳动，如图 6-10 所示。样冲是在划好的线上冲眼用的工具，通常用工具钢制成，尖端磨成 60° 左右，并经过热处理，硬度高达 55～60 HRC，如图 6-11 所示。冲眼是为了强化显示用划针划出的加工界线；在划圆时，需先冲出圆心的样冲眼，利用样冲眼作圆心，才能划出圆线。样冲眼也可以用于钻孔前的定心。

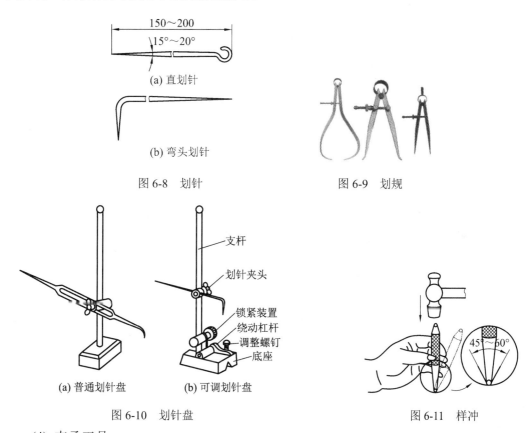

图 6-8　划针

图 6-9　划规

图 6-10　划针盘

图 6-11　样冲

(4) 支承工具。

钳工划线时常用的支承工具有方箱、千斤顶及 V 形铁等。

方箱是用铸铁制成的空心立方体，其六个面都经过精加工，相邻的各面相互垂直，一般用来夹持、支承尺寸较小而加工面较多的工件。通过翻转方箱，可在工件的表面上划出相互垂直的线条。方箱如图 6-12 所示。

千斤顶是在平板上支承工件划线用的，它的高度可以调整，常用于较大或不规则工件的划线找正，通常三个为一组，如图 6-13 所示。

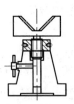

图 6-12　方箱　　　　　　　　　　　　　图 6-13　千斤顶

V 形铁用于支承圆柱形工件，使工件轴心线与平台平面平行，一般两块为一组，如图 6-14 所示。

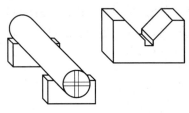

图 6-14　V 形铁

划线步骤为：首先进行工件和工具的准备，工件的准备包括工件清理、检查和表面涂色，有时还需在工件的中心设置中心塞块；再根据工件图样要求，选择合适的工具，并检查和校验工具；然后看懂图样，确定划线基准，装夹好工件；最后进行划线，并在线条上打样冲眼。

2. 锯削

锯削是用手锯对材料或工件进行分割的一种切削加工。其工作范围包括分割各种材料或半成品，锯掉工件上多余的部分以及在工件上开槽。

锯削加工时所用的工具为手锯，它主要由锯弓和锯条组成。锯弓用来安装并张紧锯条，分为固定式和可调式。固定式锯弓只能安装一种长度规格的锯条；可调式锯弓通过调节安装距离，可以安装几种长度规格的锯条。锯条用碳素工具钢或合金钢制成，并经过热处理淬硬。常用的手工锯条长 300 mm，宽 12 mm，厚 0.8 mm。

安装锯条时松紧要适当，过松或过紧都容易使锯条在锯削时折断。手锯向前推时进行切削，向后返回时不切削，因此安装锯条时要保证齿尖的方向朝前。手锯的握法如图 6-15 所示，左手拇指放在锯弓架背上，其余四指轻轻放在锯弓架前端。右手握住手柄，不要握得太紧，否则很容易疲劳。

起锯在锯削中很重要。起锯时，左手大拇指贴住锯条，起导向作用，如图 6-16 所示。起锯角度约 15°，先锯出一条槽，行程要短，压力要小，速度要慢。当锯到槽深 2～3 mm 时，即可正常锯削。

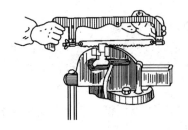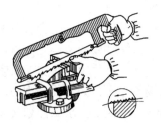

图 6-15　手锯的握法　　　　　　　　图 6-16　起锯示意图

手锯的推进主要靠右手施力，左手则轻扶锯弓并稍加压力。推锯时身体的上部略向前倾斜，并作直线往复运动，同时身体不要左右摆动，以保持锯缝平直。回复时，只要把手锯拉回即可。锯削的往复次数一般为每分钟 30～60 次为宜。

锯削时，应尽量利用锯条的全部长度，以延长锯条的使用寿命。收锯时速度要放慢，用力要小，留下一点余量，可以用手掰断。

必要时，锯削中可适当加些冷却润滑液，这不仅能提高锯条的寿命，也可减轻摩擦，使锯削出的表面更平整。润滑液一般为机油，锯削铸铁时可加柴油或煤油。

3. 锉削

锉削是用锉刀对工件进行切削加工，使之达到所要求的形状、尺寸和表面粗糙度的加工方法。锉削是钳工中最基本的操作，主要安排在机加工、錾削和锯削之后，其目的是去除多余金属，提高工件表面尺寸精度，减小工件表面粗糙度值，其尺寸加工精度可达 0.01 mm，表面粗糙度 Ra 值可达 0.8。锉削一般用于精度要求较高、形状复杂的工件的修整和装配。

1) 锉刀的种类

(1) 锉刀按齿纹分，有粗齿锉刀、中齿锉刀、细齿锉刀、双细齿锉刀和油光锉刀。

(2) 锉刀按长度分，有 100 mm、150 mm、200 mm、250 mm、300 mm、350 mm 及 400mm 等规格。

(3) 锉刀按用途分，有钳工锉刀、整形锉刀和特种锉刀。钳工锉刀用于一般锉削加工，按断面形状和外形可分为平锉、方锉、圆锉、半圆锉和三角锉等；整形锉刀适用于加工一般钳工锉刀难以加工的部位，或锉削一些较小的工件；特种锉刀适用于加工一些特殊形状的表面，其截面形状种类较多。锉刀一般用碳素工具钢(如 T12 钢或 T13 钢)制造，并经淬火和低温回火处理。

2) 锉刀的选用

(1) 根据工件的形状和加工面大小选择相应的锉刀形状和规格，如图 6-17 所示。

(a) 锉平面　　(b) 锉燕尾槽　　(c) 锉曲面　　(d) 锉交角　　(e) 锉圆孔

图 6-17　锉刀选用实例

(2) 根据工件材料、加工余量、加工精度和表面粗糙度要求来选择锉刀的粗细。一般材料较软、锉削加工余量较大、表面质量要求较低的工件要选用粗齿锉刀；材料硬、锉削加工余量少、表面质量要求高的工件则要选用中齿锉刀或细齿锉刀。

3) 锉刀的握法

锉刀的握法随锉刀的大小及工件的不同而不同。图 6-18 所示为常用锉刀握法。

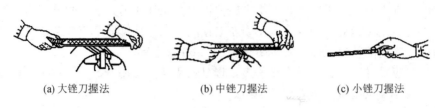

(a) 大锉刀握法　　　　　(b) 中锉刀握法　　　　　(c) 小锉刀握法

图 6-18　常用锉刀握法

4) 锉削姿势和动作

(1) 站立位置和姿势。

锉削时操作者身体要保持自然并便于用力，以便能适应不同的锉削要求。

锉削时身体的重心要落在左脚上，右膝伸直，左膝随锉削时往复运动而屈伸，如图 6-19 所示。开始时，右肘收缩，如图 6-19(a)所示；前小半行程靠身体倾斜、左膝弯曲来完成，如图 6-19(b)所示；后大半行程靠右肘推进、身体继续倾斜一些来完成，如图 6-19(c)所示；回程时，身体放松，如图 6-19(d)所示。

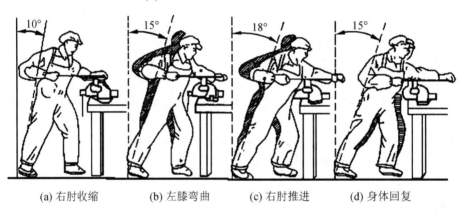

(a) 右肘收缩　　　　(b) 左膝弯曲　　　　(c) 右肘推进　　　　(d) 身体回复

图 6-19　锉削姿势

(2) 锉削时的用力。

要使锉削表面平整，作用于锉刀上的力要合理变化和调整，保证锉刀平稳运动，否则锉刀就会像跷跷板一样运动，从而使工件表面产生中凸面。

锉削过程中，工件对于锉刀的反作用力的位置在不断变化，因此，必须调节两手对锉刀的作用力。开始时左手施加较大的压力，右手的压力较小，但推力较大；当锉刀位于中间时两手压力基本相等；当锉刀再往前推时，则左手压力逐渐变小，右手压力逐渐变大；回程时，两手都不施加压力。

(3) 锉削速度。

锉削时的往复速度不要太快，一般以每分钟 40 个来回最佳。工件硬时，速度要慢些，回程的速度可快些。锉削时，要充分利用锉刀的有效长度。

5) 锉削方法

(1) 平面锉削。

平面锉削一般采用交叉锉法、顺向锉法及推锉法，如图 6-20 所示。工件在锉削过程中，可用钢直尺或 90°角尺或刀口形直尺进行对光检验，如图 6-21 所示；根据其透光程度来判别表面锉削质量，如图 6-22 所示。

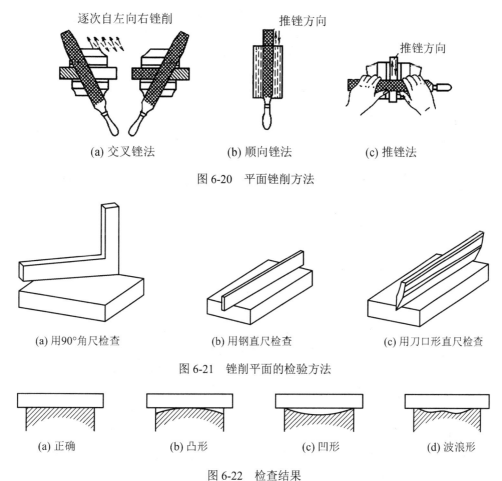

(a) 交叉锉法　　　　　　　(b) 顺向锉法　　　　　　　(c) 推锉法

图 6-20　平面锉削方法

(a) 用90°角尺检查　　　　(b) 用钢直尺检查　　　　(c) 用刀口形直尺检查

图 6-21　锉削平面的检验方法

(a) 正确　　　　　(b) 凸形　　　　　(c) 凹形　　　　　(d) 波浪形

图 6-22　检查结果

(2) 圆弧面锉削。

锉削外圆弧面时，有顺着圆弧面锉削和横着圆弧面锉削两种方法，如图 6-23 所示。不论哪种锉法，都应先锉圆弧边线，给圆弧定出锉削界限。

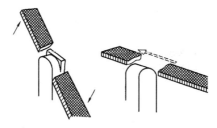

(a) 顺着圆弧面锉削　(b) 横着圆弧面锉削

图 6-23　锉削外圆弧面

锉削内圆弧面时，选用半圆锉刀或圆锉刀。锉削时，锉刀必须同时完成前进运动、向右或向左移动和绕锉刀中心线转动(按顺时针或逆时针方向转动约 90°)，三个运动缺一不可，如图 6-24 所示。

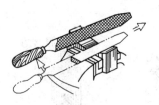

图 6-24　锉削内圆弧面

4. 钻孔

零件上的孔加工，除去一部分用车、镗、铣等机床完成外，其余基本都是由钳工利用各种钻床和钻孔工具完成的。

钳工加工孔的方法一般是钻孔。钻孔是用钻头在实心工件上加工孔。钻孔的加工精度一般在 IT11 级以下，表面粗糙度 Ra 为 12.5～5.0 μm。常用的钻床有台式钻床、立式钻床和摇臂钻床三种。手电钻也是常用的钻孔工具。钻头是钻孔的主要刀具，通常用高速钢制造，工作部分热处理淬硬至 62～65HRC。钻头由柄部、颈部及工作部分组成。钻孔操作步骤如下：

(1) 钻孔前一般先划线，确定孔的中心，在孔中心用样冲冲出较大的中心眼。

(2) 钻孔时应先钻一个浅坑，以判断是否对中。

(3) 钻削过程中，特别在钻深孔时，要经常退出钻头以排出切屑和进行冷却，否则可能使切屑堵塞或钻头过热磨损甚至折断，影响孔的加工质量。

(4) 钻通孔时，在孔将被钻透的瞬间，进刀量要减小，避免钻头瞬间抖动，出现"啃刀"现象，影响孔的加工质量，损伤钻头，甚至发生事故。

(5) 钻削大于 $\phi30$ mm 的孔时应分两次钻，先钻一个直径较小的孔(孔径为加工孔径的 0.5～0.7 倍)，再用钻头将小孔扩大到所要求的直径。

(6) 钻削时的冷却润滑：钢件常用机油或乳化液，铝件常用乳化液或煤油，铸铁则用煤油。

5. 攻螺纹和套螺纹

工件外圆柱表面上的螺纹称为外螺纹；工件圆柱孔内侧面上的螺纹称为内螺纹。常用工件上的螺纹除采用机床切削加工外，还常用攻螺纹和套螺纹的钳工加工方法获得。

攻螺纹(攻丝)是用丝锥(如图 6-25 所示)在孔内加工出内螺纹；套螺纹(套丝)是用板牙(如图 6-26 所示)在圆柱上加工出外螺纹，板牙一般装在板牙架上使用。攻螺纹和套螺纹的操作如下：

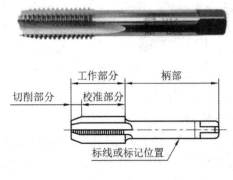

图 6-25　丝锥

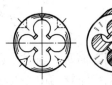

图 6-26　板牙

(1) 攻螺纹的操作。先将螺纹底孔的孔口倒角,以利于丝锥切入。先旋入一两圈,确保丝锥与孔端面垂直(可用目测或直角尺在互相垂直的两个方向检查)。然后继续用铰杠轻压旋入。当丝锥的切削部分切入工件后,可只转动而不加压,每转一圈应反转 1/4 圈,以便切屑断落,如图 6-27 所示。攻完头锥再继续攻二锥、三锥。每更换一次丝锥,先要旋入一两圈,扶正定位,再旋转铰杠,以防乱扣。攻钢料工件时,加机油润滑可使螺纹表面光洁,并能延长丝锥使用寿命;对铸铁件可加煤油润滑。

 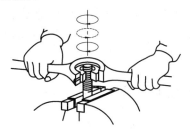

图 6-27　手动攻螺纹的操作　　　　图 6-28　手动套螺纹的操作

(2) 手动套螺纹的操作。套螺纹过程与攻螺纹相似。板牙端面应与圆柱垂直,操作时用力要均匀。开始转动板牙时,稍加压力;套入三四扣后,可只转动不加压,并经常反转,以便断屑,如图 6-28 所示。

攻螺纹和套螺纹的操作要注意:起攻、起套要从前后、左右两个方向观察与检查,及时进行垂直度的校正。这是保证攻螺纹、套螺纹质量的重要操作步骤。特别是套螺纹,由于板牙切削部分圆锥角较大,起套的导向性较差,容易产生板牙端面与圆杆轴心线不垂直的情况,造成烂牙(乱扣),甚至不能继续切削。起攻、起套操作要正确,两手用力均匀及掌握好最大用力限度是攻螺纹、套螺纹的基本功之一,必须用心掌握。

6.3　实　训　案　例

6.3.1　六角螺母制作工艺分析

六角螺母图样如图 6-29 所示。

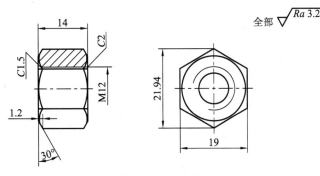

图 6-29　六角螺母

钳工加工六角螺母的步骤如下:

(1) 备料。提供直径为 $\phi22\,mm$,厚度为 15 mm 的圆柱料;

(2) 划线，确定正六边形各顶点及中心并打好样冲点；

(3) 锯、锉加工第一条边平直；

(4) 锯、锉加工第一条边的对边，保证尺寸 19；

(5) 锯、锉加工第一条边的邻边，保证角度 120°；

(6) 锯、锉加工步骤 5 的边的对边，同样保证尺寸 19，并同时保证与步骤 4 的边的角度；

(7) 依次加工完最后的两条边，得到完整的正六边形；

(8) 加工螺母两个侧面，保证螺母厚度 14，并将边缘做 30° 倒角；

(9) 在中心处钻孔 $\phi 10.5$，并用由 $\phi 14$ 钻头倒角，其中一面为 $C1.5$；另一面为 $C2$；

(10) 用 M12 丝锥攻螺纹。

6.3.2　鸭嘴榔头制作工艺分析

鸭嘴榔头图样如图 6-30 所示。

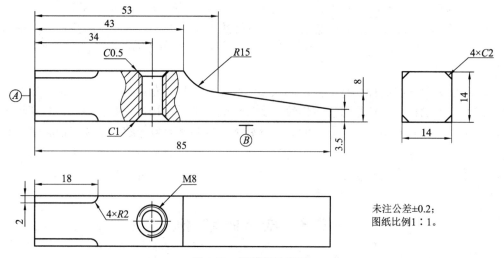

未注公差±0.2；
图纸比例1:1。

图 6-30　鸭嘴榔头图纸

鸭嘴榔头是钳工实训的经典工件，它包含了普通钳工的划线、锯削、锉削、钻孔、攻螺纹等操作内容，可以锻炼学生更好地使用钳工工具。对照图 6-31，鸭嘴榔头的具体加工过程如下：

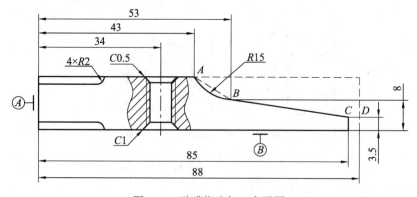

图 6-31　鸭嘴榔头加工参照图

(1) 下料：锯 88 × 14 × 14 mm 的方钢一根。

(2) 锉削基准面 A：将一端面锉削平整，并使该端面与其余相交面垂直。

(3) 划线：依托基准面 A、B，分别画出 AB、BC(将 BC 延长至工件边缘 D 点)和倒角线。

(4) 锯削：依次锯线段 DB、AB，留锉削余量。

(5) 锉削：用半圆锉修锉 R15 圆弧，用平板锉修锉 BD 所处斜面，保证 R15 圆弧与斜面相切，去掉 CD 段(如有)并锉平 C 点处端面。

(6) 修锉倒角：用小圆锉修锉 4 × C2 圆弧，平板锉修锉 4 × C2 倒角。

(7) 钻孔：用立式钻床及其定位夹具加工螺纹底孔，用台式钻床在孔两端倒角。

(8) 攻螺纹：用 M8 丝锥和铰杠攻内螺纹。

(9) 抛光：除两端面外，其余平面及圆弧纵向抛光，保证纹理方向一致。

(10) 测量：对照图纸检查零件所有尺寸。

第 7 章　机械拆装工艺实训

 实训目的

- 了解机械拆装的安全操作守则及实训要求。
- 巩固机械装配和拆卸的基本知识。
- 通过案例掌握机械拆装的工艺过程。

7.1　实　训　安　全

　　装配是得到一台完整机械产品的重要工艺过程，拆卸是机械产品维护保养的必要环节。在机械拆装过程中，一些设备和工具如操作使用不当，都有可能造成人身伤害。因此，在机械拆装过程中，安全非常重要，必须熟悉和掌握安全操作常识，零部件拆装后的正确放置、分类及清洗方法，培养文明生产的良好习惯。根据拆装的加工特点，从安全文明实训的角度出发，学生在参加实训时必须严格遵守以下事项。

7.1.1　机械拆装安全操作守则

　　(1) 进入拆装场地必须统一穿着工作服，戴好工作帽，不允许穿拖鞋或凉鞋，不允许戴戒指、手镯等。

　　(2) 在拆装场地不允许说笑打闹，大声喧哗。

　　(3) 工作前必须检查手用工具是否正常，并按手用工具安全规定操作。

　　(4) 熟悉并能正确使用常用拆装工具、机具、测量仪器等。熟悉零部件的常规检测要素，测量工具的应用及测量方法。

　　(5) 拆装场地保持整洁，废料应及时清除，通道不允许放置物品。

　　(6) 任何设备在拆装前，首先要切断电源，防止机器通电发生事故。

　　(7) 拆卸机器时应注意有弹性的零件，防止这些零件突然弹出伤人。

　　(8) 拆卸下的零部件应摆放有序，不得乱丢、乱放，能滚动的零部件应两侧卡死，不让其滚动。

　　(9) 拆装机器时，首先应了解机器性能、作用及各部分的重要性，按顺序拆装。

　　(10) 使用手电钻要穿戴绝缘护具，钻孔时应戴上防护眼镜。

　　(11) 拆装机器时，手脚不得放在或踩踏在机器的转动部分。

(12) 拆装零件、部件及搬运工件时，要稳妥可靠，以免零部件跌落受损或伤人。

(13) 用电之前必须通过专业电工将电线接妥后方可使用。

(14) 锤击零件时，受击面应垫硬木、紫铜棒或尼龙棒等材料。

(15) 将轴类零件插入机器时，禁止用手引导、用手探测或把手插入孔内。

(16) 递接工具、材料、零件时禁止投掷。

(17) 实训完毕要做到"三清"，即场地清、设备清、工具清。

7.1.2　机械装配基本要求

(1) 必须按照设计、工艺要求及本规定和有关标准进行装配。

(2) 装配环境必须清洁。高精度产品的装配环境温度、湿度、防尘量、照明防震等必须符合相关规定。

(3) 所有零部件(包括外购、外协件)必须具有检验合格证方能进行装配。

(4) 零件在装配前必须清理并清洗干净，不得有毛刺、飞边、氧化皮、锈蚀、切屑、砂粒、灰尘和油污等，应符合相应清洁度要求。

(5) 装配过程中零件不得磕碰、划伤和锈蚀。

(6) 油漆未干的零件不得进行装配。

(7) 相对运动的零件，装配时接触面间应加润滑油(脂)。

(8) 各零部件装配后相对位置应准确。

7.1.3　机械拆卸注意事项

(1) 拆卸之前，应先切断电源，擦拭设备，放出切削液和润滑油。

(2) 选择清洁、方便作业的场地实施拆卸。

(3) 拆卸顺序一般与装配顺序相反。拆卸顺序是：先附件后主机，先外后内，先上后下，即先拆外部附件，再将总机拆成总成、部件，最后全部拆成零件，并按部件汇集放置。

(4) 对电气元件及易氧化、易锈蚀的零件拆卸后要进行保护。

(5) 根据零部件连接形式和规格尺寸，选用合适的拆卸工具和设备。

(6) 对不可拆的连接或拆后会降低精度的结合件，拆卸时需注意保护。

(7) 有的机械拆卸需采取必要的支承和起重措施，在操作中要严防倾覆和掉落。

(8) 当两个人以上协同作业时，应注意配合、呼应。

7.2　基 本 知 识 点

7.2.1　机械装配的概念

任何一台机器设备都是由许多零件组成的，将若干零件按规定的技术要求组合成部件，或将若干个零件和部件组合成机器设备，并经过调整、试验等成为合格产品的工艺过程，称为装配。

机械设备(产品)的制造过程要经过设计—零件制造—装配三个过程。装配是机械设备(产品)制造过程中的最后一个阶段，在这一阶段，要进行装配、调整、检验和试验等工作。装配在机械设备(产品)制造过程中占有非常重要的地位，装配工作的好坏，对产品质量起着决定性作用。装配时必须认真按照产品装配图的要求，制订出合理的装配工艺规程以及采用新的装配工艺，以提高装配精度，达到优质、高效、低耗生产的目的。

装配工作的重要性在于机械设备(产品)的质量，如工作性能、使用效果和使用寿命等，最终是由装配来保证的。同时装配工作也是对机械设备(产品)和零件加工质量的一次总检验，装配中发现存在的问题而不断改进。装配工作占有较多的劳动量，因此它对产品的经济效益有较大的影响。随着机械装配在整个机械制造中所占的比重日益加大，装配工作的技术水平和劳动生产效率必须大幅度提高，才能适应整个机械工业的发展形势。

图 7-1 和图 7-2 所示分别为螺纹连接及滚动轴承装配工艺图。

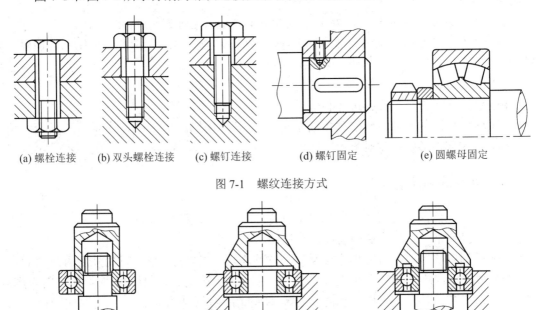

(a) 螺栓连接　　(b) 双头螺栓连接　　(c) 螺钉连接　　(d) 螺钉固定　　(e) 圆螺母固定

图 7-1　螺纹连接方式

(a) 施力于内圈端面　　　　　(b) 施力于外圈端面　　　　　(c) 施力于内外圈端面

图 7-2　滚动轴承的装配

7.2.2　装配方法及过程

1. 装配方法

为了保证机器的工作性能和精度，在装配中必须达到零、部件相互配合的规定要求。根据产品的结构、生产条件和生产批量的不同，为保证规定的配合要求，一般可采用如下四种装配方法。

1) 完全互换法

装配时，在同类零件中任取一个装配零件，不经修配和调整即能达到装配精度要求的装配方法称为完全互换法。按完全互换法进行装配的产品，其装配精度完全由零件制造精度保证。完全互换法的特点如下：

(1) 装配操作简便，生产效率高；

(2) 对工人技术水平要求不高；

(3) 容易确定装配时间，便于组织流水线装配；

(4) 便于实现零部件专业化协作；

(5) 备件供应方便。

2) 选配法

将零件的制造公差适当放宽，然后选取其中尺寸相当的零件进行装配，以达到配合要求，这种方法称为选配法。选配法又分为直接选配法和分组选配法两种。

(1) 直接选配法：是由装配工人直接从一批零件中选择"合适"的零件进行装配。这种方法比较简单，其装配质量凭工人的经验和感觉来确定，装配效率不高。

(2) 分组选配法：是将一批零件逐一测量后，按实际尺寸的大小分成若干组，然后将尺寸大的包容件(孔)与尺寸人的被包容件(轴)相配，将尺寸小的包容件与尺寸小的被包容件相配。这种装配方法的配合精度决定于分组数，增加分组数可以提高装配精度。分组选配法的特点如下：

① 因零件制造公差放大，所以加工成本降低；

② 增加了对零件的测量分组工作量，并需要加强对零件的储存和运输的管理。同时会造成半成品和零件的积压；

③ 经分组选择后零件的配合精度高。

分组选配法常用于成批或大量生产，适用于配合件的组成数少，装配精度要求高，又不便于采用调整装配的情况。如柴油机的活塞与缸套、活塞与活塞销等。

3) 修配法

在装配过程中，修去某配合件的预留量，以消除其积累误差，使配合零件达到规定的装配精度，此装配方法称为修配法。修配法的特点如下：

(1) 零件的加工精度要求降低，不需要高精度的加工设备，节省机械加工时间；

(2) 装配工作复杂化，装配时间增加，适用于单件、小批生产或成批生产高精度的产品。

4) 调整法

在装配时，调整一个或几个零件的位置，以消除零件间的累积误差，来达到装配的配合要求。如用不同尺寸的可调节螺母或螺钉、镶条等来调整配合间隙。调整法的特点如下：

(1) 装配时，零件不需要做任何修配加工，只靠调整就能达到装配精度要求；

(2) 调整法易使配合件的刚度受到影响，有时会影响配合件的位置精度和寿命，所以在调整时要认真仔细，要求调整后，固定坚实牢靠；

(3) 可以定期进行调整，调整后容易恢复配合精度，对于容易磨损而需要改变配合间隙的结构，极为方便有利。

2. 装配过程

装配过程分为以下四个步骤。

1) 准备工作

(1) 熟悉产品装配图、工艺文件和技术要求，了解产品的结构、功能、各主要零件的作用以及相互之间的连接关系，并对与装配零部件相配套的种类及其数量进行检查。

(2) 确定装配方法和顺序，准备所需要的工具。

(3) 对装配的零件进行清理和清洗，去除零件上的毛刺、铁锈、切屑、油污及其他污物等，以获得所需的清洁度。

(4) 检查零件加工质量，对某些零件进行必要的平衡试验、渗漏试验和气密性试验等。

2) 装配工作

结构复杂的产品，其装配工作通常分为组件装配、部件装配和总装配，装配过程要按顺序进行。

(1) 组件装配：将若干零件安装在一个基础零件上而构成组件。如减速器中一根传动轴，就是由轴、齿轮、键等零件装配而成的组件。

(2) 部件装配：将若干个零件、组件安装在另一个基础零件上而构成部件(独立机构)。如车床的床头箱、进给箱、尾架等。

(3) 总装配：将若干个零件、组件、部件组合成整台机器的过程，称为总装配。例如车床就是把几个箱体等部件、组件、零件总装配而成。

3) 调整、精度检验和试车

(1) 调整：调节零件或机构的相互位置、配合间隙、结合面松紧程度等，目的是使机构或机器工作协调，如轴承间隙、镶条位置、蜗轮轴向位置的调整等。

(2) 精度检验：指几何精度检验和工作精度检验等。几何精度通常是指形位精度，如车床总装后要检验主轴中心线和床身导轨的平行度、中拖板导轨和主轴中心线的垂直度以及前后两顶尖的等高程度。工作精度一般指切削试验，如车床进行车外圆或车端面试验。

(3) 试车：试验机构或机器运转的灵活性、密封性、振动、工作温度、噪声、转速、功率等性能参数是否符合要求。

4) 喷漆、涂油、装箱

喷漆是为了防止不加工面的锈蚀和使机器外表美观；涂油是使工作表面及零件已加工表面不生锈；装箱是为了便于运输。它们也都需结合装配工序进行。

7.2.3　装配工艺规程

装配工艺规程是规定产品或部件装配工艺规程和操作方法等的工艺文件，是制订装配计划和技术准备，指导装配工作，处理装配工作问题的重要依据。一般来说，工艺规程是生产实践和科学实验的总结，符合"优质、高效、低耗"的原则，是提高产品质量和劳动生产率的有效措施。制订装配工艺规程的步骤如下：

(1) 对产品进行分析。认真研究产品装配图、装配技术要求及相关资料，了解产品的结构特点和工作性能，根据企业的生产设备、规模等具体情况决定装配的组织形式和保证装配精度的装配方法。

(2) 对产品进行分解。划分装配单元，确定装配顺序。通过对产品进行工艺性分析，将产品分解成若干可独立装配的组件和分组件，即装配单元。

确定产品和各装配单元装配顺序时，应首先确定装配基准件。部件装配应从基准零件开始，总装配应从基准部件开始，然后根据装配结构的具体情况，按照先下后上，先内后外，先难后易，先精密后一般，先重大后轻小的规律去确定其他零件或装配单元的装配顺序。

(3) 绘制装配单元系统图。表示产品装配单元的划分及其装配顺序的示意图称为装配单元系统图。当产品结构较复杂时，为了使装配系统图不过分复杂，可分别绘制产品总装及各级部装的装配单元系统图。如图 7-3 所示为某锥齿轮轴组件的装配图，图 7-4 所示为该锥齿轮轴组件的装配单元系统图，7-5 所示该锥齿轮轴组件的装配顺序。

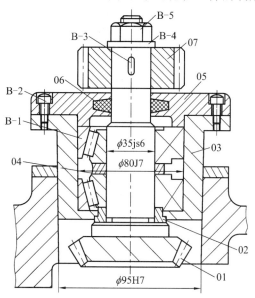

01—锥齿轮轴；02—衬垫；03—轴承套；04—隔圈；05—轴承盖；06—毛毡圈；
07—圆柱齿轮；B-1—轴承；B-2—螺钉；B-3—键；B-4—垫圈；B-5—螺母。

图 7-3　锥齿轮轴组件装配图

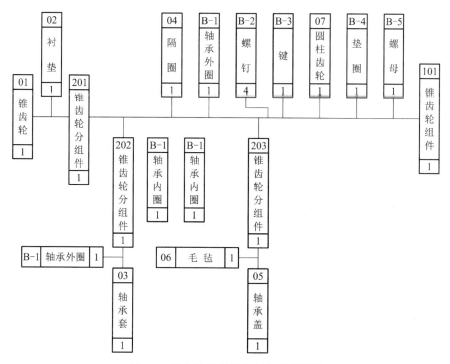

图 7-4　锥齿轮轴组件装配单元系统图

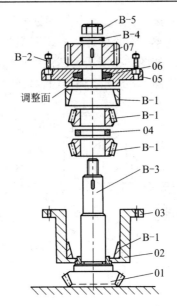

图 7-5　锥齿轮轴组件装配顺序

装配单元系统图的绘制方法如下：

(1) 先画一条横线，在横线左端画出代表该基准件的小长方格，在横线右端画出代表产品的小长方格。

(2) 按装配顺序从左向右将能直接装到产品上的零件或组件的小长方格从横线引出，零件画在横线上面，组件画在横线下面，长方格内注明零件或组件名称、编号和件数。

(3) 同样方法把每一组件及分组件的系统图展开画出。

(4) 划分装配工序及装配工步：根据装配单元系统图，将机器或部件的装配工作划分成装配工序和装配工步。

① 装配工序：由一个工人或一组工人在不更换设备或工作地点的情况下完成的装配工作。

② 装配工步：由一个工人或一组工人在固定的位置，利用同一工具，不改变工作方法的情况下完成的装配工作。

部件装配和总装配都是由若干个装配工序组成的，一个装配工序可以包括一个或几个装配工步。由装配单元系统图可以清楚地看出产品的装配过程，装配所需零件的名称、编号和数量，并可以根据它划分装配工序，能起到指导和组织装配工艺的作用。

(5) 制订装配工艺卡片：单件小批量生产，不须制订工艺卡片，工人按装配图和装配单元系统图进行装配。成批生产应根据装配单元系统图分别制订总装和部装的装配工艺卡片。装配工艺卡片表明了每一工序的工作内容、所需设备、工夹量具、工人技术等级和时间定额等。大批量生产则需一工序一卡片。

锥齿轮轴组件装配过程如下：

① 以锥齿轮轴组件为基准，将轴承套分组件套装在轴上；

② 在配合面上加油，将轴承内圈压装在轴上并紧贴衬垫；

③ 套上隔圈，将另一轴承内圈压装在轴上，直至与隔圈接触；

④ 将另一轴承外圈涂上油，轻压至轴承套内；

⑤ 装入轴承盖分组件，调整端面的高度，使轴承间隙符合要求后，拧紧四个螺钉；

⑥ 安装平键，套装齿轮、垫圈，拧紧螺母，注意配合面加油；

⑦ 检查锥齿轮轴转动的灵活性及轴向窜动量。

7.2.4 拆卸方法

拆卸方法主要有以下三种：

(1) 击卸法。击卸法是利用锤子或其他重物在敲击或撞击零件时产生的冲击能量把零件拆下。击卸过程中必须注意对零件的保护，保护方法如图 7-6 所示。

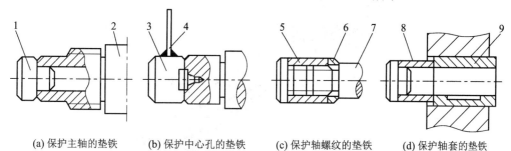

　(a) 保护主轴的垫铁　　(b) 保护中心孔的垫铁　　(c) 保护轴螺纹的垫铁　　(d) 保护轴套的垫铁

1、3—垫铁；2—主轴；4—铁条；5—螺母；6、8—垫套；7—轴；9—轴套。

图 7-6　击卸保护方法

(2) 顶压法。顶压法是利用螺旋 C 型夹头、机械式压力机、液压压力机或千斤顶等工具和设备进行拆卸的方法。顶压法适用于形状简单的过盈配合件的拆卸。当不便利用上述工具进行拆卸时，可采用工艺孔，借助螺钉进行拆卸，如图 7-7 所示。

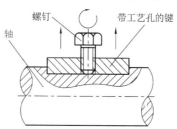

图 7-7　螺钉顶压法

(3) 拉拔法。拉拔法是利用拔销器、顶拔器等专门工具或自制顶拔工具与零部件相互作用产生解拉力或不大的冲击力拆卸零部件的方法，如图 7-8 所示。这种方法不会损坏零件，适用于拆卸精度比较高的零件。

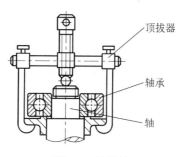

图 7-8　拉拔法

7.3　实 训 案 例

7.3.1　迷你台钳拆装实训

迷你台钳整体效果如图 7-9 所示。

图 7-9　迷你台钳装配效果图

通过分析迷你台钳的结构,将其分为工作部分(上半部分)和安装部分(下半部分),分别如图 7-10 和 7-11 所示。

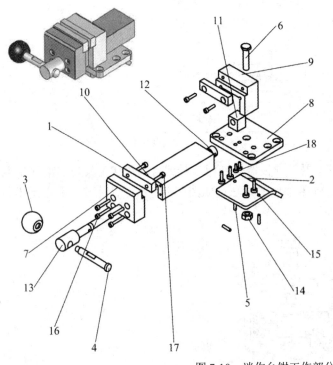

18	M4×10		2
17	M4×16		4
16	M4×25		4
15	M5×16		4
14	M8螺母		1
13	主轴		1
12	主轴限位块		1
11	台钳主轴定块		1
10	台钳动块		1
9	台钳固定端面		1
8	台钳底座		1
7	台钳移动端面		1
6	基座螺栓		1
5	定位销		3
4	把手臂		1
3	把手臂塑料头		1
2	连接板		1
1	钳口		2
序号	零件名称	说　明	数量

图 7-10　迷你台钳工作部分

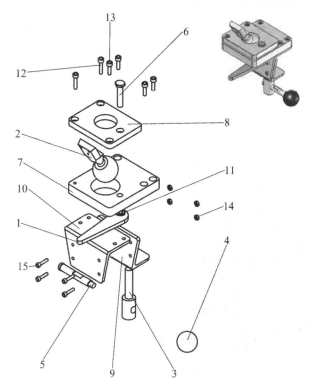

15	M4×16		4
14	M4螺母		4
13	M5×16		4
12	M5×20		2
11	φ8垫片		1
10	卡具上片		1
9	卡具下片		1
8	基座上片		1
7	基座下片		1
6	基座螺栓		1
5	把手臂		1
4	把手臂塑料头		1
3	把手螺栓		1
2	球面轴		1
1	装卡把手		1
序号	零件名称	说　明	数量

图 7-11　迷你台钳安装部分

按照图中零件的顺序，要求：

(1) 完成迷你台钳的拆卸和组装。

(2) 指出相互配合的零件及配合性质。

(3) 分析台钳中如图 7-12 所示零件的加工工艺。

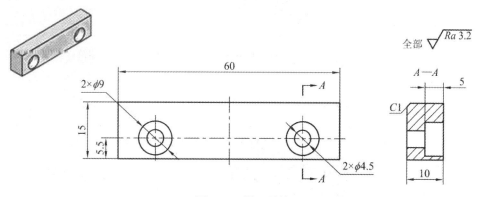

图 7-12　钳口零件

7.3.2　曲柄滑块机构拆装实训

曲柄滑块机构如图 7-13 所示。图中 l_1 为曲柄，l_2 为连杆，C 为滑块。机构装配效果如图 7-14 所示。机构组件列于表 7-1 中。请按照曲柄滑块机构示意图完成图 7-13 实验台的组装。

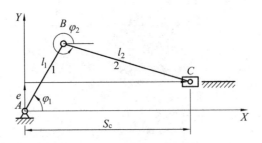

图 7-13　曲柄滑块机构示意图

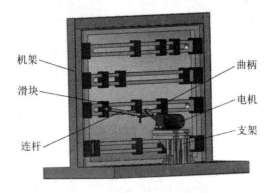

图 7-14　曲柄滑块机构装配效果图

表 7-1　曲柄滑块机构组件

组件名称	简　图	在机构中的作用
电机		提供动力
曲柄		传递运动和动力
连杆		传递运动和动力
滑块		执行运动
支架		支撑和固定

第8章 数控车削实训

 实训目的

- 了解数控车床的结构、工作原理、加工范围及特点。
- 了解数控车削的安全操作守则及实训要求。
- 理解编程坐标系的作用及建立原则,掌握简单的编程指令。
- 理解对刀的含义并掌握数控车削加工中的对刀方法。
- 通过案例掌握数控车削的工艺过程。
- 掌握宇龙数控车削虚拟仿真操作。

8.1 实 训 安 全

数控车床在机械结构上与普通车床基本一样,因此其工作原理也与普通车床基本一致,都是用来加工旋转体零件的,区别仅在于数控车床多了数控系统,其加工过程可以通过数控程序自动完成。数控车床主要用于精度要求高,表面粗糙度值要求小,零件形状复杂,单件、小批生产的轴套类、盘类等回转表面的加工;还可以用于钻孔、扩孔、镗孔、切槽加工以及在内、外圆柱面上,内、外圆锥面上加工各种螺距的螺纹。根据数控车削的加工特点,从安全文明实训的角度出发,学生在参加实训时必须严格遵守以下事项。

8.1.1 数控车削安全操作守则

(1) 实训时应穿工作服,防止衣物卷入旋转的机器。如长发应塞入帽内、袖口应扣紧、不允许戴围巾、手套等。

(2) 编写好数控程序后,必须认真检查程序的准确性;如果采用手动输入方式,完成输入后必须认真检查输入的正确性。

(3) 不允许在床面上放置物品。不允许在卡盘上、导轨上敲击或校直工件。

(4) 机床启动前,要认真检查车床各部位有无异常,以防启动时突然撞击而损坏车床。启动后,应先低速运行几分钟,使各部位的润滑正常。

(5) 加工前,工件和刀具应装夹可靠,既要防止夹紧力过小松脱伤人,又要防止夹紧力过大损坏机床或零件。工件装夹完成后,卡盘扳手应随手拿下,严禁扳手未拿而启动机床。

(6) 机床启动前,要先把车床防护门关闭。

(7) 清除切屑时，严禁用手直接清除或用嘴吹除，必须使用专用的铁钩或毛刷。

(8) 实训结束后，关闭电源。将车床清理干净，在导轨上加注防锈油。清理所用的工具、量具、刀具、夹具等，并整齐有序地放入工具柜中。最后清扫场地。

8.1.2　数控车削实训要求

(1) 启动前应先检查车床各部分机构及防护设备是否完好，各手柄是否灵活，位置是否正确。

(2) 刀具、量具及工具等放置要稳妥、整齐、合理、便于取用。

(3) 工具箱内应分类摆放物品。

(4) 正确使用和爱护量具。

(5) 不允许在卡盘或床身导轨上敲击或校直工件。

(6) 车刀磨损后应及时刃磨。

(7) 毛坯、半成品和成品应分开放置。

(8) 图纸、工艺文件应放置在便于阅读的位置。

(9) 使用切削液前，应在床身导轨上涂抹润滑油，若车铸铁时应涂抹干润滑油。

(10) 实训场地周围应保持清洁、整齐。

8.2　基 本 知 识 点

8.2.1　数控车床组成及其坐标系

如图 8-1 所示，数控车床主要由数控系统和机械系统两部分组成。机械系统部分与普通车床结构基本一样；数控系统主要包括程序载体、输入输出装置、数控装置和伺服系统。

图 8-1　数控车床组成

1. **数控车床的坐标系**

数控车床的坐标系：主轴方向为 Z 轴方向，且刀具远离工件为正(远离卡盘的方向)；垂直主轴的方向为 X 轴方向，且刀具远离工件为正(刀架前置 X 轴的正方向朝前，刀架后置 X 轴的正方向朝后)；数控车床坐标系原点也称机械原点，是一个固定点，其位置由制造厂家确定。数控车床坐标系原点一般位于卡盘端面与主轴轴线的交点上(个别数控车床坐标系原点位于各轴正向行程的极限点上)。如图 8-2 所示，图 8-2(a)为刀架前置的数控车床坐标系，图 8-2(b)为刀架后置的数控车床坐标系。

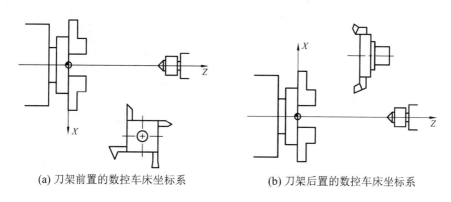

(a) 刀架前置的数控车床坐标系　　　　　　(b) 刀架后置的数控车床坐标系

图 8-2　数控车床的坐标系

2. **工件坐标系**

工件坐标系是编程人员根据零件的形状特点和尺寸标注情况，为了方便计算出编程的坐标值而建立的坐标系。工件坐标系的坐标轴必须与机床坐标系的坐标轴平行，且方向一致。数控车削的工件坐标系原点一般位于零件右端面或左端面与轴线的交点上，如图 8-3 所示。

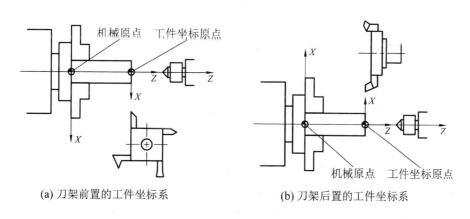

(a) 刀架前置的工件坐标系　　　　　　　(b) 刀架后置的工件坐标系

图 8-3　工件坐标系

3. **机床参考点**

机床参考点是由机床限位行程开关和基准脉冲来确定的，它与机床坐标系原点有着准确的位置关系。数控车床的参考点一般位于行程的正的极限点上，如图 8-4 所示。机床参考点与机床原点的距离由系统参数设定，其值可以是零。如果其值为零则表示机床参考点和机床原点重合；如果其值不为零，则机床开机回零后显示的机床坐标系的值即为系统参数中设定的距离值，即图 8-4 中的 x 和 z。通常机床通过返回参考点的操作来找到机械原点。所以，开机后，加工前要进行返回参考点的操作。

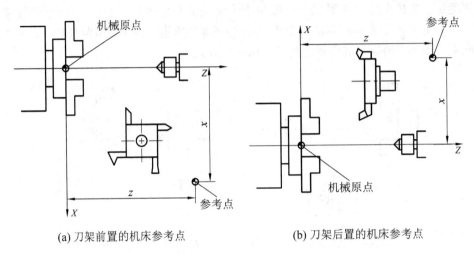

(a) 刀架前置的机床参考点　　　　　　　(b) 刀架后置的机床参考点

图 8-4　机床参考点

8.2.2　数控车削编程

1. 数控车床的编程特点

数控车床的编程具有以下特点：

(1) 既可以采用直径编程也可以采用半径编程，其结果由车床数控系统的内部参数或 G 指令来决定。所谓直径编程，就是 X 坐标采用直径值编程；半径编程就是 X 坐标采用半径值编程。一般情况下采用直径值编程，这是因为回转体零件图纸的径向尺寸标注和加工时的测量都是直径值，也便于编程计算。

(2) FANUC 数控系统的数控车床，是用地址符来指令坐标输入形式的，既可以采用绝对坐标编程也可以采用增量坐标编程，还可以采用混合编程。X、Z 表示绝对坐标，U、W 表示增量坐标，X(U)、W(Z) 表示混合坐标。有些数控系统(如华中数控系统)的数控车床是用 G 代码来指令坐标输入形式的(G90：绝对坐标，G91：增量坐标)，在同一程序段内不能采用混合坐标编程。

(3) 具有固定循环加工功能。由于车削的毛坯多为棒料、锻件或铸件，加工余量较大，需要多次走刀加工，而固定循环加工功能可以自动完成多次走刀，因而使程序大大简化。但不同的数控系统固定循环加工功能的指令及格式可能不同。FANUC 数控系统的数控车床固定循环加工功能的指令为 G70、G71、G72、G73 等。

(4) 圆弧顺逆的判断。圆弧的顺逆应从垂直于圆弧所在平面的那个坐标轴正向往负向观察判断，顺时针走向的圆弧为顺圆弧，逆时针走向的圆弧为逆圆弧，所以，数控车床刀架前置和刀架后置的圆弧插补指令如图 8-5 所示。

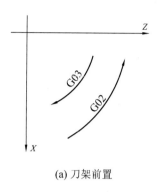

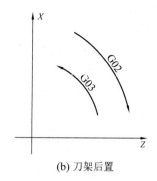

(a) 刀架前置　　　　　　　　　　　　　　　　(b) 刀架后置

图 8-5　圆弧顺逆的判断

2. 数控车削的常用编程指令

数控车削的常用编程指令如下：

| G00 X_ Z_；　　　　　　　　　　快速点定位指令 |
| G01 X_ Z_ F_；　　　　　　　　直线插补指令 |
| G02 X_ Z_ R_ F_；　　　　　顺时针圆弧插补指令 |
| G03 X_ Z_ R_ F_；　　　　　逆时针圆弧插补指令 |
| M03 S_；　　　　　　　　　　主轴正转指令 |
| M30；　　　　　　　　　　　程序结束指令 |
| T xxxx；　　　　　　　　　　换刀及调用刀具补偿 |

下面详细介绍一些数控车削过程中常用的固定循环指令。利用固定循环指令，只需要对零件的轮廓定义，即可完成从粗加工到精加工的全过程，不但使编程得到简化，而且加工时空行程少，加工生产效率也得到提高。

(1) 内、外圆粗切削循环指令 G71。

内、外圆粗切削循环指令，适用于内、外圆柱面需要多次走刀才能完成的轴套类零件的粗加工，如图 8-6 所示。

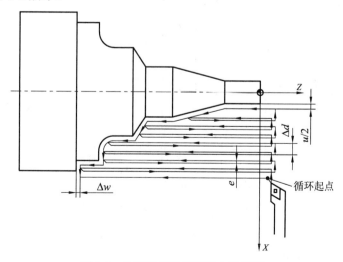

图 8-6　外圆粗切削循环指令示意图

G71 的编程格式为:

　　　G71　U(Δd)　R(e);

　　　G71　P(ns)　Q(nf)　U(u)　W(Δw)　F(f)　S(s)　T(t);

其中: Δd——背吃刀量(每次进给量);

　　　e——每次退刀量, 也可以用参数设定;

　　　ns——精加工形状程序段中的开始程序段号;

　　　nf——精加工形状程序段中的结束程序段号;

　　　u——X 轴方向的精加工余量;

　　　Δw——Z 轴方向的精加工余量;

　　　f、s、t——F、S、T 代码所赋的值。

说明:

① 当上述指令用于工件内轮廓加工时, 就自动成为内径粗车削循环指令, 此时 u 为负值。

② 在使用 G71 进行粗加工时, 只有含在 G71 程序段中的 F、S、T 功能才有效, 而包含在 ns~nf 程序段中的 F、S、T 功能即使被指定, 对粗车循环也无效。

③ 该指令适用于随 Z 坐标的单调增加或减小, X 坐标也单调变化的情况。

(2) 端面粗切削循环指令 G72。

端面粗切削循环指令, 适用于径向尺寸较大而轴向尺寸较小的盘类零件的粗加工, 如图 8-7 所示。

G72 的编程格式为:

　　　G72　U(Δd)　R(e);

　　　G72　P(ns)　Q(nf)　U(u)　W(Δw)　F(f)　S(s)　T(t);

其中, 各参数的含义与 G71 指令中各参数含义相同。

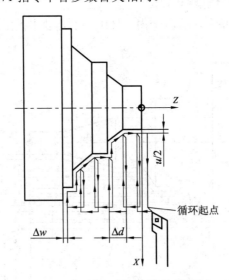

图 8-7　端面粗切削循环指令示意图

(3) 仿形粗切削循环指令 G73。

所谓仿形切削循环就是按照一定的切削形状逐渐地接近最终形状, 如图 8-8 所示。由此可见，G71 能够完成的加工 G73 都能够完成，并且这种方式对于铸造或锻造毛坯的切削是一种效率很高的方法。

G73 的编程格式为：

G73　U(Δi)　W(Δk)　R(Δd)；

G73　P(ns)　Q(nf)　U(Δu)　W(Δw)　F(f)　S(s)　T(t)；

其中：ns——精加工程序段的开始程序段号；

nf——精加工程序段的结束程序段号；

Δu——径向(X 轴方向)给精加工留的余量；

Δw——轴向(Z 轴方向)给精加工留的余量；

Δd——粗车循环次数；

Δi——粗车时，径向(X 方向)需要切除的总余量；

Δk——粗车时，轴向(Z 方向)需要切除的总余量；

F——粗加工时的进给速度；

S——粗加工时的主轴转速；

T——粗加工时使用的刀具号。

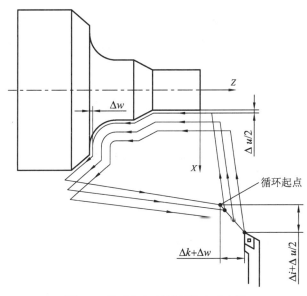

图 8-8　仿形粗切削循环指令示意图

(4) 精车复合固定循环指令 G70。

G70 的编程格式为：

G70　P(ns)　Q(nf)

其中：ns——精加工程序段的开始程序段号；

nf——精加工程序段的结束程序段号。

说明：

① G70 指令不能单独使用，只能配合 G71、G72、G73 指令来完成精加工固定循环，即：当用 G71、G72、G73 指令粗车工件后，用 G70 来指定精车固定循环，切除粗加工留下的加工余量。

② 在这里 G71、G72、G73 程序段中的 F、S、T 的指令都无效，只有在 ns~nf 程序段中的 F、S、T 才有效。当 ns~nf 程序段中不含指令 F、S、T 时，粗车循环中的 F、S、T 才有效。

8.2.3　数控车削的对刀操作

对刀的目的是将编程时的工件坐标系和加工时的加工坐标系统一起来，即让机床知道编程坐标系的原点在机床坐标系的哪个位置上。

在数控车削中，通常采用试切法对刀。如图 8-9 所示，换外圆切刀，使用手摇轮缓慢移动刀具切削毛坯右端面，按"OFF/SET"键到刀偏界面中相应刀具的形状 Z 值上输入 Z0，按"测量"软键进行设置，Z 坐标对刀完成；使用手摇轮缓慢移动刀具切削毛坯外圆，沿 Z 轴移出刀具，使用游标卡尺测量切削处的直径值 d，按"OFF/SET"键到刀偏界面中相应刀具的形状 X 值上输入 Xd，按"测量"软键进行设置，X 坐标对刀完成。

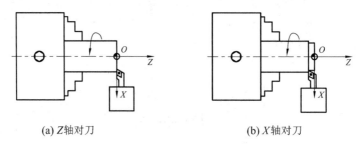

(a) Z轴对刀　　　　　　　　　　　　　(b) X轴对刀

图 8-9　数控车削对刀过程

8.3　实 训 案 例

8.3.1　仿形车削加工工艺过程

加工如图 8-10 所示的零件，毛坯为 $\phi30$ 的棒料，要求车端面、粗车外形、精车外形、切断。

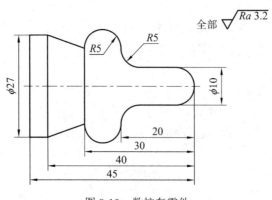

图 8-10　数控车零件

(1) 工艺分析。

① 先车右端面，并以右端面的中心为原点建立工件坐标系(即编程坐标系)，因为该点为工件的设计基准与工艺基准的交点。

② 该零件可采用 G73 指令进行仿形粗切削循环，然后用 G70 指令进行精车，最后切断。注意退刀时，先退 X 方向后退 Z 方向，以免刀具撞上工件。

(2) 确定工艺方案。

① 工序 1：车端面；

② 工序 2：从右至左粗加工各轮廓面；

③ 工序 3：从右至左精加工各轮廓面；

④ 工序 4：切断。

(3) 选择刀具及切削用量。

① 选择刀具。外圆刀 T0101：车端面、粗加工；外圆刀 T0202：精车加工；切断刀 T0303：宽 4 mm，切断。

② 确定切削用量。切削用量包括切削速度、进给量和背吃刀量，根据各工序的不同要求选择合适的切削用量，具体取值见程序内容。

(4) 编写数控程序。

程　序	注　释
O0001	
T0101;	
M03 S500;	主轴正转
G00 X35 Z0;	工序 1 车端面
G96 S120;	切换工件转速，线速度 120 m/min
G01 X0 F0.15;	
G97 S500;	切换工件转速，转速为 500 r/min
G73 U13.5 W0 R4;	
G73 P1 Q2 U0.3 W0.3 F0.2;	
N1 G01 X0 Z0;	
G03 X10 Z−5 R5;	
G01 Z−15;	
G02 X20 Z−20 R5;	工序 2 仿形粗切削循环
G03 X20 Z−30 R5;	
G01 X27 Z−40;	
Z−45;	
N2 G00 X50;	
Z200;	

```
M03 S800 T0202;
G00 X35 Z2;
G70 P1 Q2 F0.15;                    工序 3 精车循环
G00 X50;
Z200;

M03 S300 T0303;                     工序 4 切断
G00 X35 Z-50;
G01 X0 F0.05;
G00 X50;
Z200;
M05;
M30;                                程序结束
```

8.3.2　数控车削虚拟仿真实训

上海宇龙数控加工仿真系统是国产软件中非常优秀的数控仿真软件。本节结合应用实例重点讲述该软件中的主流数控系统 FANUC 0i 的数控车削仿真过程，在虚拟环境中，练习数控车削操作，模拟加工零件。下面以图 8-11 所示零件为例，材料选用铝合金棒，毛坯尺寸为 $\phi 65 \times 90$ mm，进行数控车削虚拟仿真。

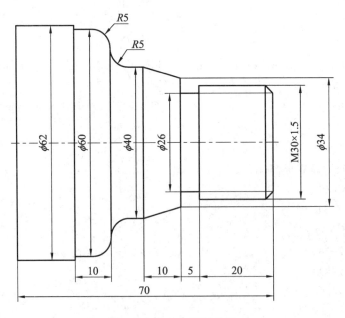

图 8-11　数车车削零件图

1. 工艺分析及程序编制

1) 工艺分析

(1) 设工件坐标系原点(编程原点)在工件的右端面与轴线交点处(工艺基准处)。

(2) 刀具选用。1 号刀采用主偏角为 90° 的硬质合金外圆车刀，2 号刀采用刀宽为 4 mm 的硬质合金割槽刀，3 号刀采用硬质合金螺纹刀。

(3) 工件的材料为铝件。

(4) 切削用量的选择。

① 外圆车刀：粗加工主轴转速为 800 r/min，进给速度为 0.3 mm/r，切削深度为 2 mm；精加工主轴转速为 1200 r/min，进给速度为 0.15 mm/r，精加工余量为 0.2 mm；

② 割槽刀：粗加工主轴转速为 400 r/min，进给速度为 0.2 mm/r；精加工主轴转速为 450 r/min，进给速度为 0.1 mm/r；槽宽精加工余量为 0.5 mm，槽底精加工余量为 0.2 mm；

③ 加工螺纹时，主轴转速为 500 r/min。

2) 编制程序

在记事本中编写程序，编辑好后保存，文件名保存为 "O0001.txt"。编辑好的程序及注释如下：

程　序	注　释
O0001;	程序名
T0101;	换 1 号外圆车刀，建立零点偏置
M03 S800;	主轴正转，设定粗车外圆转速 800 r/min
G00 X68 Z2;	刀具快速定位到起刀点
M08;	打开切削液
G71 U2 R1 F0.3;	粗车外圆循环参数设定(切削深度、退刀量及进给量)
G71 P10 Q20 U0.2 W0.5;	粗车外圆循环参数设定(循环起始段、精加工余量)
N10 G00 X22.8;	按零件图纸轮廓编程(粗精车循环起始段)
G01 X29.8 Z−2;	
Z−24;	
X34;	
X40 Z−35;	
Z−39;	
G02 X50 Z−44 R5;	
G03 X60 Z−49 R5;	
G01 Z−54;	
X62;	
Z−70;	
N20 X68;	
M03 S1200;	设定主轴转速为 1200 r/min，准备精加工
G70 P10 Q20;	精加工零件轮廓
M09;	切削液关
G00 X100;	X 向快速退刀

程　序	注　释
Z100;	Z 向快速退刀
T0202;	换 2 号切槽刀，设定 2 号刀偏，建立零点偏置
M03 S400;	设定粗车螺纹退刀槽转速
G00 X40 Z2;	快速定位
Z-24;	Z 向移动至退刀槽位置，左侧留 0.5 mm 精加工余量
M08;	切削液开
G01 X26.2 F0.2;	切槽，直径方向留 0.2 mm 精加工余量
X40;	退刀
M03 S450;	设定精车退刀槽转速
Z-25;	Z 向移动至槽左侧
X26 F0.1;	第一刀精车退刀槽
X40;	退刀
G00 Z-24;	Z 向移动至槽右侧
G01 X26 F0.1;	第二刀精车退刀槽
X40;	退刀
M09;	切削液关
G00 X100;	X 向快速退刀
Z100;	Z 向快速退刀
T0303;	换 3 号螺纹刀，设定 3 号刀偏，建立零点偏置
M03 S500;	设定切螺纹转速
G00 X35 Z4;	快速定位
G92 X29.2 Z-22 F1.5;	螺纹切削循环(第一刀切削)
X28.6;	第二刀切削螺纹
X28.2;	第三刀切削螺纹
X28.04;	第四刀切削螺纹
X28.04;	最后再光整精加工螺纹一刀
G00 X100;	X 向快速退刀
Z100;	Z 向快速退刀
M05;	主轴停转
M30;	程序结束

2. 宇龙数控车削虚拟仿真

1) 设置零件、刀具及刀补

(1) 选择机床及数控系统。

打开宇龙数控仿真软件，在"机床"菜单中，选择 FANUC 0I 系统的"标准(平床身前置刀架)"的数控车床，如图 8-12 所示，点击"确定"按钮，进入 FANUC 0I 数控车床仿真界面。

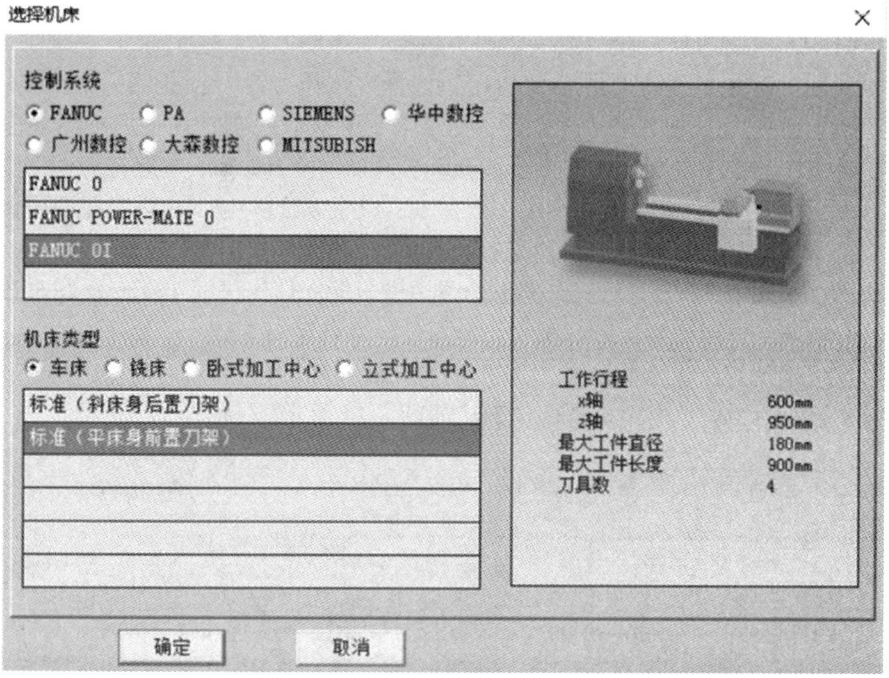

图 8-12　选择机床

(2) 定义及安装毛坯。

点击菜单栏里的"零件"选择"定义毛坯"选项，或者直接点击工具栏里的 ，弹出"定义毛坯"对话框，设置参数如图 8-13 所示，然后点击"确定"完成零件毛坯的定义。

图 8-13　定义毛坯

定义完毛坯后，点击菜单栏里的"零件"选择"放置零件"选项，或者直接点击工具栏里的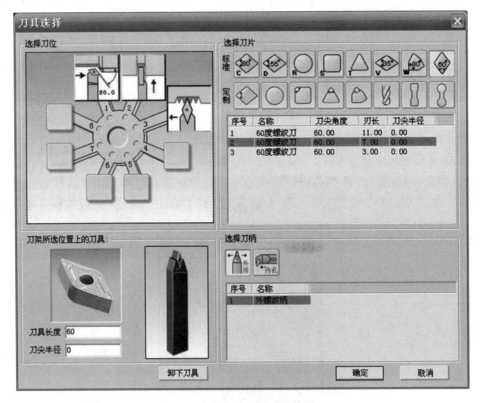，弹出"选择零件"对话框，选择刚才定义好的毛坯，点击"安装零件"，完成毛坯的安装，同时系统弹出"移动零件"对话框，可以适当点击方向键调整工件露出在主轴外侧的尺寸，如果不移动直接点击"退出"即可。

(3) 选择刀具、对刀及刀补设定。

① 选择刀具。点击菜单栏里的"机床"选择"选择刀具"选项，或者直接点击工具栏的"🔧🔧"，弹出"刀具选择"对话框。先在"选择刀位"里选第 1 把刀，"选择刀片"里选择标准刀片，刀尖角度 55°，刃长 7 mm，刀尖半径 0.2 mm，"选择刀柄"里选外圆右向横刀柄(后置刀架)，主偏角为 90°，此时在第 1 把刀的刀位上出现一把左偏外圆刀。然后在"选择刀位"里选第 2 把刀，"选择刀片"里选定制刀片中的方头切槽刀片，宽度 4 mm，刀尖半径 0 mm，"选择刀柄"里选外圆切槽刀柄，切槽深度 10 mm，此时在第 2 把刀的刀位上出现一把切槽刀。最后在"选择刀位"里选第 3 把刀，"选择刀片"里选标准刀片中的 60° 螺纹刀，刃长 7 mm，刀尖半径 0 mm 刀片，"选择刀柄"里选外螺纹刀柄，此时在第 3 把刀的刀位上出现一把螺纹刀。如图 8-14 所示。

图 8-14　选择刀具

刀具选择完成后，在仿真机床的刀架上，就出现了刚才所选的刀具。

② 机床回参考点。机床切换到俯视图状态，点急停开关及机床启动键，机床默认处于回原点状态，此时操作面板上回原点指示灯应变亮，若指示灯不亮，则点击"回原点"按钮🔘，转入回原点模式。然后先将 X 轴回原点，点击操作面板上的 X 方向按钮 X ，使

X轴方向移动指示灯变亮，点击正方向移动按钮 ⊞，此时 X 轴将回到原点，X 轴回原点灯变亮。同样，再点击 Z 方向按钮 ⊡，使指示灯变亮，点击按钮 ⊞，Z 轴回到原点，Z 轴回原点灯变亮，此时机床回参考点结束。

　　③ 对刀及刀补设定。

　　a. 第一把刀对刀及刀补设定：

　　Z 方向对刀：点击"手动"模式按钮 ▦，在快速状态下移动刀具，使第一把刀快速接近工件(不要超过工件右端面位置)，然后关闭快速走刀，点击主轴正转按钮"⬚"，使主轴转动，通过手动控制使刀具慢慢靠近工件右端面，当刀具切削到工件右端面时停止运动，如图 8-15 所示。

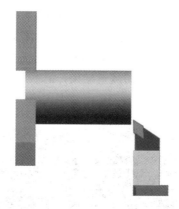

图 8-15　切削右端面对刀(第一把刀对 Z 轴)

　　点击"主轴停转"按钮 ⬚，由于把 Z 轴工件原点设在工件右端面上，所以，此时的 Z 坐标值应该定义为 0。点击"OFFSET SETING"按钮，选择菜单软键"形状"，使光标定位到番号 01 行上，输入"Z0"，按菜单软键"测量"，第一把刀的 Z 轴刀补就输入进去了，Z 向对刀完成。如图 8-16 所示。

图 8-16　设定第一把刀 Z 轴刀补值

　　X 方向对刀：点击"主轴正转"按钮 ⬚，使主轴转动，通过手动控制使刀具沿 Z 方向切削外圆面一段距离，并沿 Z 方向退刀，保持 X 方向不动，如图 8-17 所示。

图 8-17　切削外圆对刀(对 X 轴)

　　然后点击"主轴停转"按钮 ，在菜单栏里点击"测量"选择"剖面图测量"选项，弹出"请您作出选择"对话框，直接点击"是"进入车床工件测量界面，选择刚才车削的外圆面，在下面的列表里出现选中外圆面的测量结果，记下 X 所对应的数值，比如为 59.968，如图 8-18 所示。

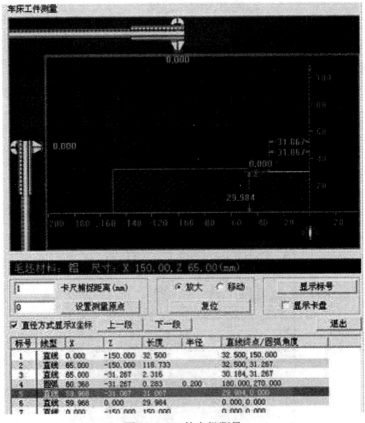

图 8-18　工件直径测量

　　点击"退出"按钮退出工件测量界面，选择"OFFSET SETING"按钮，选择菜单软键"形状"，使光标定位到番号 01 行上，输入刚才测量的 X 直径量"X59.968"(如图 8-19 所示)，按菜单软键"测量"，第一把刀的 X 轴刀补即输入进去了。至此，第一把刀的刀补设定完成，如果程序里需要刀尖半径补偿指令(G41/G42 指令)，还可以把刀尖半径输入进去。

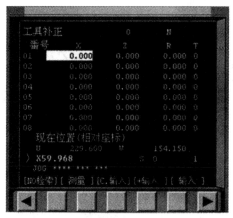

图 8-19　设定第一把刀 X 轴刀补值

b. 第二把刀对刀及刀补设定：

接下来在快速移动模式下将刀具快速移动至离工件较远的位置，准备换刀。点击"程序"按钮 及"MDI"按钮 ，使机床 CRT 处于 MDI 单段模式下，输入"T0202"换第二把刀指令，按"INSERT"按钮 插入，点击"循环启动"按钮 ，执行换刀指令，换上第二把切槽刀。

与第一把刀对 X 轴相同，手动移动刀具至工件位置，主轴正转，手动控制刀具移动接近工件右端面，如图 8-20 所示；快接近端面时，点击"手动脉冲"按钮 ，打开手轮(如图 8-21 所示)，手轮对应轴选 Z 轴，进给倍率视刀具离工件端面距离而定，快接近工件时，采用较小的倍率移动，当看到切屑飞出时停止主轴转动，在"工具补正"界面下的番号 02 行输入"Z0"，按菜单软键"测量"，第二把刀的 Z 轴刀补输入完成。

图 8-20　切削端面对刀(第二把刀对 Z 轴)

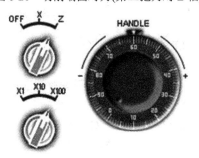

图 8-21　手轮方式

　　然后主轴正转，手动控制刀具慢慢移动接近工件右端面，切削外圆，沿 Z 轴方向退刀，主轴停转，测量切削外圆尺寸，记卜 X 测量数值(本例 55.367)，在"工具补正/形状"界面下的番号 02 行输入"X55.367"，按菜单软键"测量"，第二把刀的 X 轴刀补输入完成。

　　c. 第三把刀对刀及刀补设定：

　　第三把刀的对刀及刀补设定与前两把类似，只是 Z 方向对刀时由于螺纹刀的刀片形状问题，我们可以在切完外圆后，通过目测的方法使之与端面平齐(如图 8-22 所示)，然后在"工具补正"界面下的番号 03 行下输入"Z0"，按菜单软键"测量"即可。

图 8-22　第三把刀对 Z 轴对刀方法

　　至此，三把刀的对刀及刀补设定工作完成，机床 CRT 显示刀补情况如图 8-23 所示。

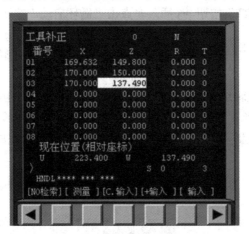

图 8-23　完成刀补设定

　2) 程序输入及仿真加工

　　完成了对刀及刀补设定后，就可以将前面保存好的程序输入仿真系统，进行仿真加工了。

　　依次点击"PROG"按钮 PROG 和"编辑"按钮，进入程序编辑状态，然后通过菜单软键选择对应系统屏幕的"操作"，在出现的下级菜单中按软键，按菜单软键"F 检索"，弹出打开程序对话框，找到"O0001.txt"文件并打开。

　　接下来按菜单软键"READ"，输入程序名"Ox"(x 为任意不超过四位的数字，但不可与程序列表中已有程序重名，本例输入"O0001")。最后按菜单软键"EXEC"，程序"O0001.txt"中的内容即被输入到仿真系统中。

　　程序输入进系统后，选择运行模式，点击"循环启动"按钮开始执行程序自动加工零件，如果需要检查每一步的动作，可以选择"单节"按钮  来单步执行程序加工，这样每按一下"自动"按钮 ，程序执行一段，最后加工效果如图 8-24 所示。

图 8-24　仿真加工效果图

3. 数控车削虚拟仿真训练

编写图 8-25 所示轴类零件的数控程序，并利用宁龙数控仿真软件进行模拟加工。

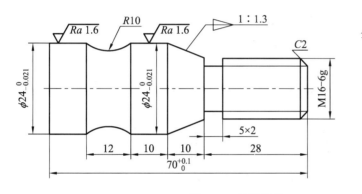

图 8-25　轴类零件

第9章　数控铣削实训

 实训目的

- 了解数控铣床的结构、工作原理、加工范围及特点。
- 了解数控铣削的安全操作守则及实训要求。
- 掌握 FANUC 系统的基本编程指令。
- 通过案例掌握数控铣削的工艺过程。

9.1　实　训　安　全

数控铣床一般具有多坐标联动功能，是一种加工复杂形面能力很强的数控机床。目前迅速发展的加工中心、柔性制造单元等设备主要是在数控铣床的基础上产生的。数控铣床按照其结构布局及功能特点可分为立式数控铣床和卧式数控铣床。数控铣削主要用于加工精度要求高，表面粗糙度值要求小，形状复杂类零件的加工；还可以进行钻孔、扩孔、镗孔以及切槽加工。根据数控铣削的加工特点，从安全文明实训的角度出发，学生在参加实训时必须严格遵守以下事项。

9.1.1　数控铣削安全操作守则

(1) 实习时要穿工作服，不得穿塑料鞋进入车间，禁止戴手套操作机床，若长发要戴帽子或发网。

(2) 所有操作步骤须在实习指导老师的指导下进行，未经指导老师同意，严禁开动机床。

(3) 严禁在车间内嬉戏、打闹；机床开动期间严禁离开工作岗位，及做与操作无关的事情。

(4) 未经实习指导老师确认程序正确，不许动操作箱上已设置好的"机床锁住"状态键。

(5) 夹紧工件，保证工件牢牢地固定在工作台上。

(6) 启动机床前应检查是否已将扳手、楔子等工具从机床上拿开。

(7) 严格按照实习指导书推荐的刀具及参数，选择正确的刀具与加工参数。

(8) 机床运转中禁止变速。变速或换刀时，必须保证机床完全停止，开关处于"OFF"位置，以防发生机床事故。

(9) 机床运转中，不要用手或其他方式触摸主轴和工件。操作机床时严禁打开防护门。

(10) 刀轴插入主轴前，刀轴表面及主轴孔内必须彻底擦拭干净，不得有油污。

(11) 清除切屑时要用刷子，不能用棉纱或用嘴吹。

(12) 保持地面清洁，以免滑倒摔伤。

(13) 实习结束后，切断机床电源，清理机床设备并认真打扫卫生。

9.1.2　数控铣削实训要求

(1) 进入车间时，要穿好工作服，大袖口要扎紧，不准戴手套操作，女同学要戴安全帽。

(2) 开动机床前，要检查机床电气控制系统是否正常，各操作手柄是否归位，工件、夹具及刀具是否夹持牢固，各传动部件是否正常。

(3) 加工前，严格检查机床原点、刀具数据是否正常并进行无切削轨迹仿真运行。

(4) 加工时，必须关上防护门。不准把头手伸入防护门内，加工过程中不允许打开防护门。

(5) 加工过程中，不得擅自离开机床。

(6) 严禁用力拍打操作面板及触摸显示屏。严禁敲击工作台、分度头、夹具和导轨。

(7) 严禁私自打开数控系统控制柜进行观看和触摸。

(8) 数控铣床属于大型精密设备，除工作台上安放工装和工件外，机床上严禁堆放任何工具、夹具、刀具、量具、工件和其他杂物。

(9) 实训完毕后，应切断电源，清扫切屑，擦净机床；在导轨面上加注润滑油，各部件应调整到正常位置，打扫现场卫生，填写设备使用记录。

9.2　基　本　知　识　点

9.2.1　数控铣床的结构

如图 9-1 所示，数控铣床主要由数控系统和机械系统两部分组成，机械系统部分与普通立式铣床结构基本一样，数控系统主要包括程序载体、输入输出装置、数控装置和伺服系统。

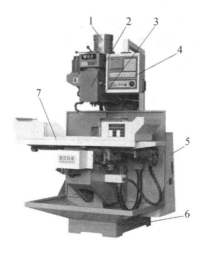

1—主轴电机；
2—主轴箱；
3—主轴；
4—控制面板；
5—控制箱；
6—机座；
7—工作台。

图 9-1　数控铣床结构

数控铣床原理如图 9-2 所示。

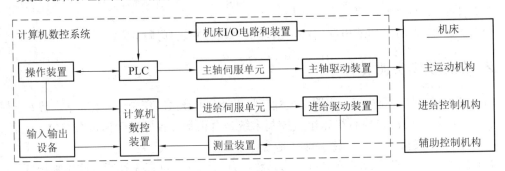

图 9-2　数控铣床原理

数控铣床一般是指规格较小的立式升降台式数控铣床，其工作台宽度在 400 mm 以下，如图 9-3 所示为 XK714D 型数控铣床。XK714D 型数控铣床是一种典型的半闭环控制、三坐标联动立式数控铣床，配置 FANUC 0i Mate-C 数控系统。该数控铣床主要由床身、立柱、主轴箱及主传动系统、工作台及进给传动系统，以及电柜、冷却装置、润滑装置、操作装置等辅助装置组成。该数控铣床具有良好的刚性；主轴的变速范围较广，低转速扭矩较大，可进行强力高速切削；各轴的伺服电机经弹性联轴器直接驱动滚珠丝杠，可实现无间隙传动；各运动副均有润滑装置，保证各部件的润滑。在机床上，工件一次装夹后可完成铣、镗、钻、扩、铰、攻螺纹等加工，特别适合箱体、模具、不规则零件等的复杂形面加工。

图 9-3　XK714D 型数控铣床

数控铣床的操作主要通过操作面板来进行，一般数控铣床的操作面板由显示屏、数控系统操作部分和机床操作面板等三部分组成。

(1) 显示屏：用来显示相关坐标位置、程序、图形、参数和报警信息等。

(2) 数控系统操作部分：由功能键、字母键和数字键等组成，可以进行程序、机床指令以及参数等的输入和编辑。

(3) 机床操作面板：可以在操作面板上进行机床的运动控制、进给速度调整、加工模式选择、程序调试、起停控制及 M、S、T 功能等。

　　如图 9-4 所示为 XK714D 数控铣床所配置的 FANUC 0i Mate-C 控制系统操作面板，该系统的常用操作见表 9-1，操作面板常用按键功能见表 9-2。

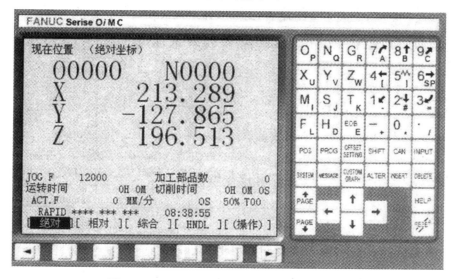

图 9-4　FANUC 0i Mate-C 控制系统的操作面板

表 9-1　数控系统常用操作

内　　容		操　作　方　法
编辑程序	查找程序	编辑方式 / PROG / 键入程序号 / 按 0 检索
	新建程序	编辑方式 / PROG / 键入程序号 / 按 insert
	删除程序	编辑方式 / PROG / 键入程序号 / 按 delete
	查找字	编辑方式 / PROG / 移动光标
	输入字	编辑方式 / PROG / 移动光标到输入位置前一个字 / 键入字 / 按 insert
	删除字	编辑方式 / PROG / 移光标到该字下 / 按 delete
	删除行	编辑方式 / PROG / 移光标到该行首 / 按 delete
MDI 运行		MDI 方式 / PROG / 键入程序段 / 按循环启动
回零		回零方式 / 按 +Z(+X、+Y) / 回零指示灯亮
设置参数		MDI 方式 / Offset Setting / 选择参数类别 / 移光标到参数下/键入数值 / input
手动运行		手动方式 / 按 ±X、±Y、±Z
手轮运行		手轮方式 / 选择 X、Y、Z 方向 / 选择每格移动量 / 转动手轮
自动运行		自动方式 / PROG / 移光标到程序起点 / 按循环启动

表 9-2　操作面板常用按键功能

按键图标	键(钮)名称	用　途
	回参考点方式键	机床启动后，需要将各轴回参考点；按下该键后，分别按 +Z、+X、+Y 键，各轴即回到机床参考点
	自动方式键	运行程序前，先点此键再点"循环启动"键，方可自动运行程序
	循环启动键	预先将程序存入寄存器中，选择运行的程序，将工作方式选择为"自动方式"，按下该键后，程序开始自动运行；要想运行 MDI 中的程序，只需点此键即可
	单段方式键	运行程序时，按下此键后，仅执行当前的一个程序段，再点"循环启动"键，执行下一个程序段
	跳步开关	自动运行时，跳过行首有"/"的程序段
	程序停止键	运行程序时，按下此键，程序立即停止运行，相当于程序中的 M00
	空运行	系统以设定的快速进给执行程序，用于快速校验程序
	机床锁定	锁住所有机械进给，用于模拟运行
	选择停止键	按下此键时，当程序运行到 M01 指令时，机床各运动和程序暂停，再按"循环启动"键，程序继续执行
	编辑方式键	手动输入或上传程序时，都必须在此工作方式下才可进行
	MDI 方式键(手动数据输入)	在此方式下，可输入一个简单的程序，点"循环启动"键后，程序执行，执行后该程序自动消失

续表

按键图标	键(钮)名称	用　　途
READY	系统启动	每次弹起急停按钮，都要按此键，系统才能执行其他操作
	急停按钮	按下此键，使机床紧急停止，断开机床主电源
	主轴倍率修调旋钮	在手动、手轮及程序执行时，调整主轴转速的倍率
	进给修调旋钮	在手动及程序执行时，调整进给速度的倍率，主要是控制 G01、G02、G03 等插补运动的速度
	主轴状态键	分别为主轴正转、停止、反转

9.2.2　数控铣削加工工艺

1. 数控铣削加工工艺的主要内容

(1) 分析图纸：选择需要用数控铣床加工的工件或工件的部分形状，分析图纸，明确技术要求，确定加工内容。

(2) 确定加工方案：主要包含三方面，即确定工件装夹方法、选择夹具；选择刀具；确定加工路线及对刀点、换刀点。

(3) 确定加工工序：详细划分工步，确定切削参数，尽量一次装夹完成全部加工。

(4) 尺寸处理：处理图纸尺寸，手工编程时要计算所需的基点坐标值。

(5) 编写加工程序：编写、校验和调试程序，加工样件，修改程序，直至加工出合格样件。

一般非高速切削的数控铣床加工的装夹定位、选择刀具、确定切削用量的方法和原则都可参考普通铣床相应的操作方法。

2. 确定数控铣削的加工路径

确定铣削过程中铣刀的进给路径，是编写加工程序的至关重要的一步。确定铣刀路径的原则有三条，首先要保证工件的形状、尺寸精度和表面粗糙度；其次要提高加工效率，使走刀路径最短；最后要注意减少编程中的数值计算量，以减少编程工作量和出错概率。为此在具体编写程序的过程中，经常采用以下做法：

(1) 图纸尺寸的处理：将工件的图纸标注尺寸改为公差带中值尺寸进行编程；计算平面图形中的基点坐标尺寸；对有多圆弧相交相切的基点计算，要校核最后一个圆弧的位置精度。

(2) 刀具刀位的处理：对刀点即起刀点，应选择在便于对刀、找正和检查的位置，以方便操作；刀具在各定位尺寸移动时，要沿一个方向进给，或采用单向定位指令；刀具切入、切出工件时，尽量沿工件轮廓线的切线方向；当用球形铣刀加工曲面时，最后一刀采用环切法光整轮廓表面。

9.2.3　数控铣削编程

数控铣削编程要符合 ISO 标准及国家标准要求的坐标系规定、程序格式、结构、程序段和字的组成，熟悉数控系统的指令应用。下面结合 FANUC 0i Mate-C 数控系统介绍数控铣床的一些常用功能。

1. 立式数控铣床的机床坐标系

为了确定机床的运动方向和移动距离，要在机床上建立一个坐标系，这个坐标系就叫机床坐标系，也叫标准坐标系。数控机床的坐标系遵循右手定则的笛卡尔坐标系。立式数控铣床的机床坐标系如图 9-5 所示。机床坐标系原点在 X、Y、Z 三个坐标轴正向行程的极限位置、主轴孔端面的中心，坐标轴的方向符合右手定则。其他的坐标系，如工件坐标系、附加工件坐标系等都在机床坐标系中建立。

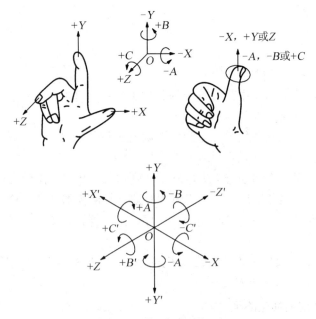

图 9-5　数控铣床坐标系

2. 机床原点、参考点及工件坐标系

(1) 机床原点。机床原点(也称机床零点)是机床上设置的一个固定的点,即机床坐标系的原点。机床原点是数控机床进行加工运动的基准参考点。

(2) 机床参考点。机床参考点是数控机床上一个特殊位置点,如图 9-6 所示。对于大多数数控机床,开机第一步就是先使机床各坐标轴返回参考点(即所谓的机床回零)。机床坐标系一经建立,只要机床不断电,将保持不变,且不能通过编程来使机床参考点进行改变。

(3) 工件坐标系。工件坐标系(也称编程坐标系)是针对某一工件,根据零件图样建立的坐标系。工件坐标系的原点也称编程坐标系原点,该点是指工件装夹完成后,选择工件上的某一点作为编程或工件加工的原点。工件坐标系原点在图中用符号"◐"表示。当工件被安装在工作台上时,就决定了机床坐标系和工件坐标系之间的位置关系。如图 9-7 所示。

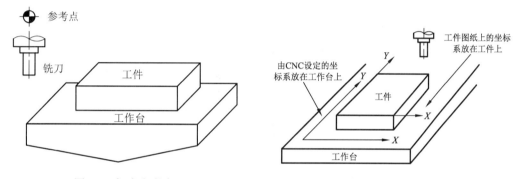

图 9-6　机床参考点　　　　　　　　　　　图 9-7　机床坐标系和工件坐标系

数控铣床编程中建立工件坐标系时,一般选择工件或夹具上的一点作为工件坐标系的原点。原点一般选在对称轴上;工件形状不对称时一般选在工件的一个角上,最好与工件定位基准重合。工件坐标系各轴的方向与机床坐标系一致。数控编程中刀具与工件的相对运动,设定是工件不动,刀具移动。刀具的位置用刀位点的位置表示,刀具轨迹即刀位点的轨迹。常用立式数控铣床铣刀的刀位点 O 如图 9-8 所示。

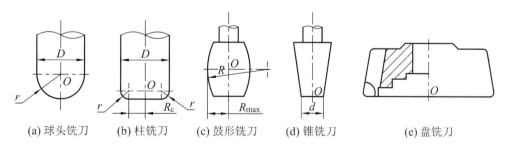

(a) 球头铣刀　　(b) 柱铣刀　　(c) 鼓形铣刀　　(d) 锥铣刀　　(e) 盘铣刀

图 9-8　立式数控铣床刀具刀位点

3. 插补功能

数控铣床具有丰富的插补功能,通过插补指令完成。常用的插补指令有直线插补指令 G01 和圆弧插补指令 G02、G03。

在数控铣床的三维坐标系中，圆弧插补指令 G02、G03 可以应用于三个基准平面里的任何一个平面，用法相同，只是要改变相应的坐标。在 ZX 平面里判断圆弧顺时针、逆时针方向的方法是：从 Y 轴的正方向朝负方向看去，看圆弧的进给方向。对 YZ 平面的圆弧，判断方法类似。

4. 刀具半径补偿 C 功能

立式数控铣床上用圆柱铣刀、鼓形铣刀的侧面或球头铣刀加工工件时，工件的形状由刀具外圆运动的包络线形成，与刀位点轨迹之间沿法线方向相差一个刀具半径的距离，如图 9-9 所示。由于刀具的进给用刀位点编程控制，只有按图中虚线所示轨迹编程，才能加工出图纸要求的工件形状，这给编程造成很大不便；尤其在刀具磨损、更换新刀具引起刀具半径发生变化时，要重新计算刀具轨迹，修改程序，既繁琐，又不易保证加工精度。数控系统的刀具半径补偿功能允许用户按照工件图纸尺寸编程，即按照工件形状编程，单独给定刀具半径，系统自动计算刀位点轨迹，使其偏离工件轮廓一个半径值，加工出符合图纸的工件。

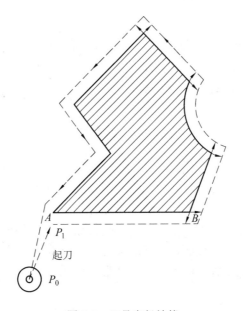

图 9-9　刀具半径补偿

FANUC 0i Mate-C 数控系统采用刀具半径补偿 C 功能，由指令 G40、G41 和 G42 组成，刀具半径补偿在 G17、G18 和 G19 选择的平面内进行，下面是在 XY 平面的应用。

(1) 撤销刀具半径补偿指令 G40。

指令 G40 撤销刀具半径补偿，通常在 G00 或 G01 程序段中完成。

编程格式：G01　G40　X__　Y__；

(2) 刀具半径左补偿指令 G41。

指令 G41 建立刀具半径左补偿。

编程格式：G01(G00)　G41　X__　Y__　D××；

其中，××是刀具半径补偿值代号。

建立刀具半径补偿要在工件之外进行，直线插补(定位)轨迹的终点可以在工件上，也可以在工件外。建立刀具半径补偿后直到撤销之前，刀具运行轨迹在其法线方向上由编程轨迹向左偏移一个刀具半径。撤销刀具半径补偿也要在工件之外进行。

(3) 刀具半径右补偿指令 G42。

指令 G42 建立刀具半径右补偿。

编程格式：G01(G00)　G42　X__ Y__ D××；

其中，D×× 是刀具半径补偿值代号。

使用刀具半径补偿前一定要设置刀具半径补偿值。系统有专用的刀具补偿数据存储单元，加工前，把刀具半径存入××单元，加工时，系统从该单元取出刀具半径计算补偿。

编程中确定了刀具轨迹之后，使用左补偿 G41 还是右补偿 G42，用下述方法判断：沿着刀具加工工件的轨迹，面向刀具进给方向，刀具在左侧就是左补偿，用 G41；刀具在右就是右补偿，用 G42。程序中需要左右补偿变换时，一定要经过 G40 撤销后再建立新的半径补偿。

指令 G40、G41 和 G42 是同一组别的模态代码，具有模态代码的特征，所以在使用刀具补偿之后，必须及时用 G40 撤销，否则会造成编程错误。

9.2.4　加工中心简介

加工中心是在数控铣床的基础上发展起来的数控机床。它与数控铣床有很多相似之处，但最大的不同在于它有自动换刀功能，即具有刀库、换刀装置、主轴准停装置及换刀控制系统。加工中心可加工复杂形状的工件，一般有 3～5 轴联动功能，可在一次装夹中对工件进行钻、铣、镗、攻螺纹等多种加工，效率相比数控铣床大幅提高。加工中心是工厂自动化和构成柔性加工系统不可缺少的机床。

加工中心按主轴的方向可分为立式和卧式两种。立式加工中心的主轴是竖直向下的，如图 9-10 所示。立式加工中心易于装夹工件，操作方便，占地面积小，主要用于重切削和精加工，适合复杂形腔的加工。卧式加工中心的主轴是水平的，如图 9-11 所示。一般来讲卧式加工中心要比立式加工中心占地面积大，结构复杂，配有数控回转工作台，一次装夹可以加工工件的四面或五面，特别适合加工箱体；但加工时不易观察，测量不便，所以卧式加工中心加工准备时间比立式加工中心要长，更适合于批量加工。

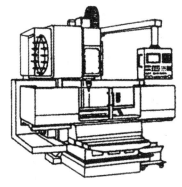

图 9-10　立式加工中心

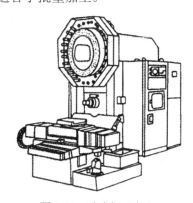

图 9-11　卧式加工中心

　　加工中心适合于加工复杂曲面、箱体、异形曲面及多工位多工序可集中的工件。但由于一次装夹后，粗加工之后马上进行精加工，会造成加工应力不能及时释放，工件温升没有恢复，过一段时间可能会产生应力变形和尺寸变化；另外加工中连续产生的大量切屑也会影响工件的表面质量和刀具使用等，这些在加工工艺中都必须注意。

　　加工中心的编程及操作与数控铣床基本相同，不同之处在于增加了换刀功能。自动刀具交换的指令为 M06，在 M06 后用 T 功能来选择所需要的刀具。M06 中有 M05 功能，因此用了 M06 后必须设置主轴转速与转向。刀具号由 T 后的 2 位数字(BCD 代码)来指定。

　　当刀库刀具排满时，主轴上无刀，此时主轴上刀号是 T00。换刀后，刀库内无刀的刀套上刀号为 T00。例如：T02 号刀从刀库换到主轴上，此时刀库中 T02 号刀变成了 T00，T02 号刀套上为空刀。

　　在刀库刀具排满后，如果也在主轴上装一把刀，则刀具总数可以增加一把，也可以把 T00 作为主轴上这把刀的刀号，刀具交换后，刀库内将无空刀套，T00 号刀实际上存在。例如：T05 号刀与主轴上 T00 号刀交换后，T05 号刀换到主轴上成了 T00 号刀，T05 号刀套内放的是原来主轴上的 T00 号刀，即原来的 T00 号刀变成了现在的 T05 号刀。

　　编程时可以使用两种方法：

　　(1) N×× 　G28　Z_　T××；

　　　　　N×× 　M06；

　　执行该程序段后，T×× 号刀由刀库中转至换刀刀位，作换刀准备，此时执行 T 指令的辅助时间与机动时间重合。本次所交换的为前段换刀指令执行后转至换刀刀位的刀具，而本段指定的 T×× 刀号在下一次刀具交换时使用。例如：

　　N10　G01　X_Y_Z_　T01；

　　N20　……；

　　N30　G28　Z_　M06　T02；

　　N40　……；

　　N50　G28　Z_　M06；

　　在 N30 段换的是在 N10 段选出的 T01 号刀，在 N50 段上换的是 N30 段选出的 T02 号刀。

　　(2) N×× 　G28　Z_　T×× 　M06；

　　主轴返回 Z 轴参考点时，刀库先将 T×× 号刀具转出，然后进行刀具交换，主轴换上去的刀具为 T××。

9.3　实　训　案　例

9.3.1　数控铣削加工工艺过程

　　本案例以图 9-12 所示的底座零件为例介绍数控铣削加工的工艺过程。

图 9-12　底座

1. 底座的加工工艺分析

(1) 分析图纸。

由图 9-13 所示的底座零件图可知,底座主要包括一个丝杠支撑块方形槽、两个导轨槽、三个长圆孔、外形轮廓和若干个螺纹孔;依据先面后孔、先粗后精、基准面先行等原则,先对丝杠支撑块方形槽、导轨槽、外形轮廓和长圆孔进行粗加工,然后对导轨槽、丝杠支撑块方形槽进行精加工,螺纹孔加工需先钻中心孔然后钻削,最后攻螺纹。

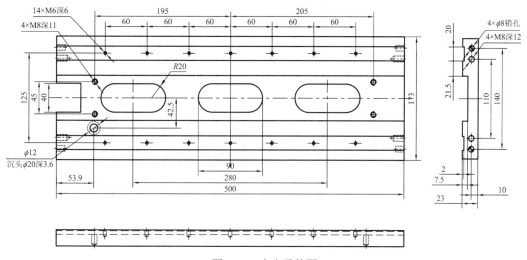

图 9-13　底座零件图

(2) 确定加工方案。

① 选择加工方式:由于该零件的加工工序较多且换刀次数多,所以选取数控铣削加工中心加工该零件。

② 选择定位与装夹方法:毛坯外形为长方体且尺寸较大,宜选取螺钉、T 形螺母和压板进行定位和装夹。

③ 选择刀具:粗加工刀具选择 $\phi 32$ 合金立铣刀;精加工刀具选择 $\phi 16$ 合金立铣刀;定心刀具选择 $\phi 4$ 中心钻;麻花钻选择 $\phi 5$ 麻花钻、$\phi 6.8$ 麻花钻;丝锥选择 M6 和 M8 机用丝锥。

④ 确定加工路线:图 9-14 所示为在数控铣削加工中心在工件一次安装下进行的加工路线,线条为加工轨迹。

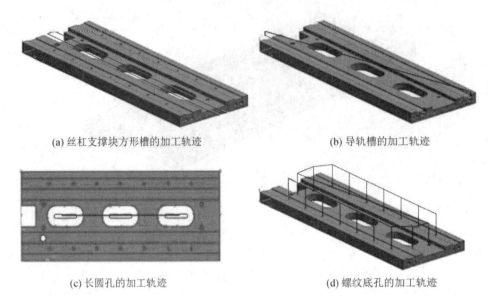

(a) 丝杠支撑块方形槽的加工轨迹　　　　　　　　(b) 导轨槽的加工轨迹

(c) 长圆孔的加工轨迹　　　　　　　　　　　(d) 螺纹底孔的加工轨迹

图 9-14　底座加工路线

⑤ 加工工艺卡片的拟定：根据上述分析，填写底座数控铣削加工的工艺卡片，如表 9-2 所示。

表 9-2　底座数控铣削加工工艺卡片

工序内容	刀具号	刀具规格	半径补偿地址	长度补偿地址	主轴转速 /(r/min)	进给速度 /(mm/min)
粗铣各槽	T01	$\phi32$ 合金立铣刀	D01	H01	800	480
精铣各槽	T02	$\phi16$ 合金立铣刀	D02	H02	1600	960
孔定心加工	T03	$\phi4$ 中心钻		H03	2000	300
钻孔	T04	$\phi5$ 麻花钻		H04	3000	300
攻螺纹	T05	M6 机用丝锥		H05	200	200
钻孔	T06	$\phi6.8$ 麻花钻		H06	2300	300
攻螺纹	T07	M8 机用丝锥		H07	200	300

2. 编写加工程序

基于各工序的刀具和切削用量等内容对 UG 的 CAM 模块中的相关参数进行设置，并基于 UG 提供的后置处理器生成实验室铣床能够接受的 G 代码。

3. 铣削加工中心的操作过程

(1) 启动机床。

检查控制操作面板上的各按钮是否正常(急停开关是否处于按下状态)→打开气源(空气压缩机)→打开机床总电源→打开数控系统电源→待机床出现报警时，旋转弹起急停开关→点击数控系统复位键，报警消除。

(2) 手动回机床参考点。

手动将 X、Y、Z 三轴移至距参考点 80 mm 以外→按回参考点按键→按 +Z、+Y、+X(四轴联动铣削加工中心还要按 +*A*)，机床回到参考点时，各轴的原点指示灯变亮。

(3) 刀具半径补偿及长度补偿设置。

如果程序中刀具半径补偿寄存器为 D01，"半径"补偿值为 5，则刀具半径补偿番号为 001，应在界面的"形状(D)"列"番号 001"行填入"5"。如果程序中刀具长度补偿寄存器为 H01，长度补偿值为 10，则刀具长度补偿番号也为 001，应在界面的"形状(H)"列"番号 001"行填入"10"。

(4) 装夹工件。

在铣削加工中心上加工工件时，常用的装夹方法有：平口钳装夹、压板装夹、组合夹具装夹和专用夹具装夹。在此，以最常见的平口钳装夹为例。

采用平口钳装夹工件，一般适宜工件尺寸较小、毛坯形状为立方体、生产批量较小的情况。使用该种方法装夹工件时，一般要先进行找正(确保立方体毛坯的边沿分别与机床的 *X* 轴和 *Y* 轴平行)才能夹紧，找正常用百分表或杠杆表与磁性表座配合使用来完成。根据找正需要，可将表座吸在机床主轴、导轨面或工作台面上，百分表安装在表座接杆上，使测头轴线与测量基准面相垂直。测头与基准面接触后，指针转到 2 圈(5 mm 量程的百分表)左右，移动机床工作台，校正被测量面相对于 *X*、*Y* 或 *Z* 轴方向的平行度或平面度(一般可以用纯铜棒敲击还没有完全夹紧的工件，随着工作台的移动敲击工件进行位置的校正)。使用杠杆表校正时杠杆测头与测量面间约成 15° 的夹角，测头与测量面接触后，指针转动半圈左右。百分表与杠杆表的安装与使用如图 9-15 所示。

 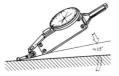

(a) 百分表的安装　(b) 百分表的使用　(c) 杠杆表的安装　(d) 杠杆表的使用

图 9-15　百分表与杠杆表的安装与使用

(5) 安装刀具。

铣削加工中心的刀具一般通过刀具夹头进行装夹。在夹头中安装刀具时应尽量使刀具伸出长度短一些，以提高加工时刀具的刚性。

机床上安装刀具时，首先将主轴前端锥孔内壁清理干净，然后在手动或手轮的工作方式下，按下主轴上松刀空气开关按钮不放，将刀柄插入主轴前端锥孔，轻微晃动感觉没有松动后方可松开空气开关按钮。

(6) 建立工件坐标系(对刀)。

铣削加工中心在机床上设置工件坐标系的方法有两种：G92 法和 G54～G59 法，下面以第二种方法为例介绍数控铣削加工建立工件坐标系的过程。

以毛坯孔或外形的对称中心为工件坐标系原点，*X*、*Y* 方向的对刀通常是用百分表或寻边器来进行的。

用百分表对刀时，如图 9-16 所示，利用磁性表座将百分表粘在机床主轴端面上，手动或低速旋转主轴。然后手动操作使旋转的表头依 *X*、*Y*、*Z* 的顺序逐渐靠近被测表面，用步进移动的方式，逐步降低步进增量倍率，调整移动 *X*、*Y* 位置，使得表头旋转一周而其指针的跳动量在允许的对刀误差内(如 0.02 mm)时，按数控系统面板上的"OFF/SET"偏置/设置键，再按软键"坐标系"，调出坐标系设定界面，将光标移至 G54 等的"X"之后，输入"0"，按软键"测量"，将光标移至 G54 等的"Y"之后，输入"0"，按软键"测量"，系统即可自动计算并显示出 G54 等坐标系 X、Y 零点的机床坐标值。

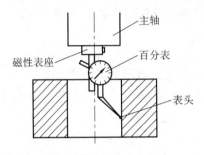

图9-16　百分表找中心孔

用寻边器对刀时，将电子寻边器像普通刀具一样装夹在主轴上，其柄部和触头之间有一个固定的电位差，当触头与金属工件接触时，即通过床身形成回路电流，寻边器上的指示灯就被点亮。逐步降低步进增量，使触头与工件表面处于极限接触(进一步即点亮，退一步则熄灭)，即认为定位到工件表面的位置处。如图 9-17 所示，先后定位到工件外边缘的左、下侧表面，按"POS"将当前对应的 $X_1(Y_1)$ 坐标值置为 0，将触头移至对面，记下对应的 $X_2(Y_2)$ 坐标值，则分别将 $X_2/2$ 和 $Y_2/2$ 输入到 G54 等命令的"X"和"Y"之后。

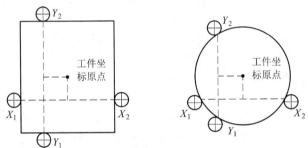

图9-17　寻边器找对称中心

以毛坯相互垂直的基准边线的交点为工件坐标系原点时，如图 9-18 所示，使用寻边器或直接用刀具对刀。

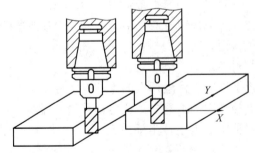

图9-18　对刀操作时的坐标位置关系

按 X、Y 轴移动方向键，令刀具或寻边器移到工件左(或右)侧空位的上方。再让刀具下行，最后调整移动 X 轴，使刀具圆周刃口接触工件的左(或右)侧面，记下此时刀具在机床

坐标系中的 X 坐标 X_a，然后按 X 轴移动方向键使刀具离开工件左(或右)侧面。

用同样的方法调整移动刀具圆周刃口接触工件的前(或后)侧面，记下此时刀具在机床坐标系中的 Y 坐标 Y_a。最后让刀具离开工件的前(或后)侧面，并将刀具回升到远离工件的位置。

如果已知刀具或寻边器的直径为 D，则工件坐标系原点在机床坐标系中的坐标应为 $(X_a-D/2, Y_a-D/2)$。

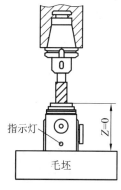

图 9-19　Z 向对刀设定

刀具 Z 向对刀：当刀具中心(即主轴中心)在 X、Y 方向上的对刀完成后，可取下对刀工具，换上基准刀具，进行 Z 向对刀操作。Z 向对刀点通常都是以工件的上下表面为基准的，这可利用 Z 向设定器进行精确对刀，其原理与寻边器相同。如图 9-19 所示，若以工件上表面为工件零点即 $Z=0$，设 Z 向设定器的标准高度为 50，则当刀具下表面与 Z 向设定器接触致指示灯亮时，刀具在工件坐标系中的坐标应为 $Z=50$，将此时刀具在机床坐标系中的 Z 坐标值减去 50 后的结果记下来，作为工件坐标系原点在机床坐标系中的 Z 坐标。

(7) 编辑或上传 NC 程序。

上传程序分两个步骤，即"机床操作"和"微机操作"。其中机床操作的步骤为：设置工作方式为"编辑"，按"PROG"键，按软键"操作→读入"，机床已准备好接收程序。微机操作的步骤为：打开上传程序的软件，再打开所编辑的程序，然后选择"发送文件"，即可上传程序。

(8) 程序校验。

按按功能键"PROG"，显示已经打开的程序；调出建立工件坐标系的界面，将光标移至"(EXT)"的"Z"之后，输入机床空运转的安全高度，按"INPUT"键输入；在编辑方式下，按"RESET"键将光标移至程序的开头，设置工作方式为"自动"，再按"循环启动"以运行程序；按图形显示键，再按软键"图形"，观察模拟运动的轨迹是否正确，据此修改程序。

(9) 工件自动加工。

在试运行之后确定程序无误，就可以进行工件的首件加工。若首件加工质量符合零件图样要求，证明工件的加工程序正确，便可进行工件的正式加工。在加工中若遇突发事件，应立即按下急停按钮。

(10) 加工结束。

加工完毕后，取下工件，将机床各坐标轴移至适当的位置，使各轴离开机床零点大约 100 mm(工作台最好放在中间位置)，按下急停开关，关闭数控系统电源，关闭机床总电源，关闭气源。对机床进行清理保养。

9.3.2　数控铣削虚拟仿真实训

本节选用上海宇龙数控加工仿真系统软件，结合应用实例重点讲述主流数控系统 FANUC 0i 的数控铣削仿真过程，在虚拟环境中，练习数控铣削操作，模拟加工自己设计的零件。

1. 设置零件、刀具

1) 选择机床及数控系统

打开宇龙数控仿真软件，在"机床"菜单中，选择 FANUC 0i 系统的标准铣床或直接点击工具栏里的 按钮，如图 9-20 所示，点"确定"按钮，进入如图 9-21 所示的 FANUC 0i 数控铣床仿真界面。

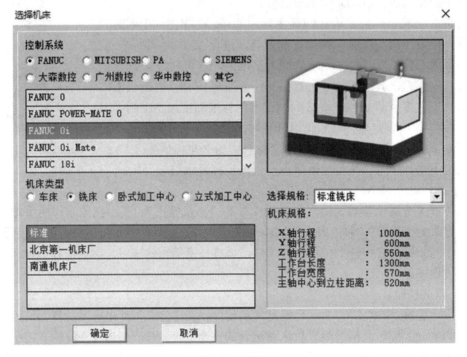

图 9-20　选择机床

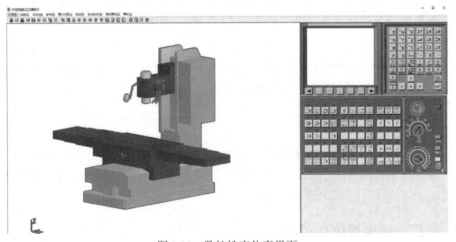

图 9-21　数控铣床仿真界面

2) 定义及放置安装毛坯、夹具

(1) 定义毛坯：点击菜单栏里的"零件"选择"定义毛坯"选项，或者直接点击工具栏里的 按钮，进入定义毛坯界面选择毛坯形状，设置毛坯尺寸，设置参数如图 9-22 所示，然后点击"确定"完成零件毛坯的定义。

图 9-22 定义毛坯

(2) 定义夹具：点击菜单栏里的"零件"选择"安装夹具"选项，或者直接点击工具栏里的 🔩 按钮，进入安装夹具界面，先选择零件，再选择夹具。这里以选择毛坯 1 和工艺板为例，如图 9-23 所示。

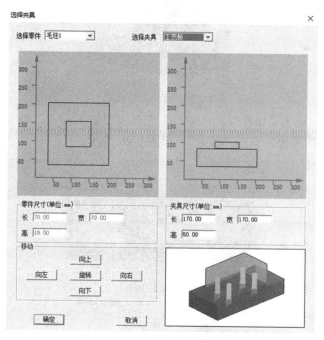

图 9-23 选择夹具

(3) 放置零件：点击菜单栏里的"零件"选择"放置零件"选项，或者直接点击工具栏里的 🔩 按钮，进入选择零件界面，选择毛坯 1，点击"安装零件"，如图 9-24 所示。

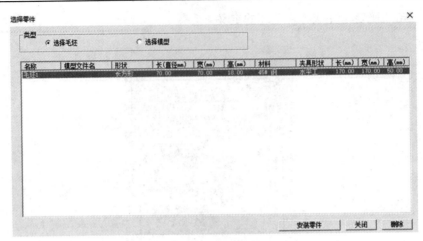

图 9-24　选择零件

零件安装成功后如图 9-25 所示，点击弹出方向箭头页面上的"退出"，关闭微调界面。

图 9-25　零件安装成功

（4）安装压板：点击菜单栏里的"零件"选择"安装压板…"选项，进入选择压板类型界面，选择中间的压板，点击"确定"，如图 9-26 所示。

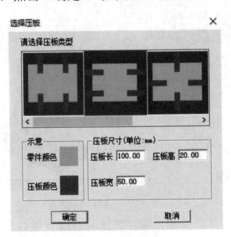

图 9-26　选择压板

3) 选择刀具

点击菜单栏里的"机床"选择"选择刀具"选项，或者直接点击工具栏里的 ⚙️，弹出"刀具选择"对话框如图 9-27 所示，进入选择刀具界面，输入刀具直径，选择刀具类型，选择需要的刀具，点击确认。

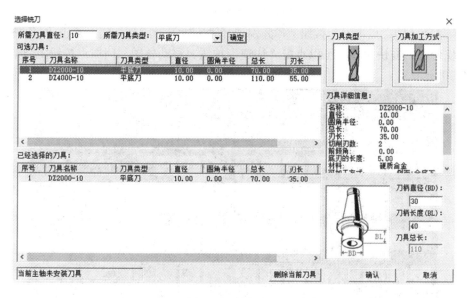

图 9-27　选择刀具

2. 机床准备

(1) 激活机床：如图 9-28 所示，依次点击控制界面的红色"紧急停止"按钮、方形"启动按钮"打开机床。

(2) 机床回参考点：点击 ⊙ 按钮，再分别选择"X""Y""Z"按钮加上"+"按钮，使机床回原点。此时各轴指示灯亮，表示机床已经回到参考点，如图 9-29 所示。

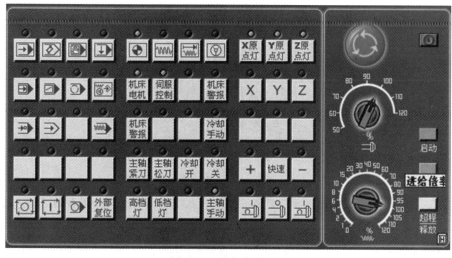

图 9-28　回参考点界面

图 9-29　各轴指示灯亮

(3) 移动各轴：点击手动按钮 分别选择"X""Y""Z"按钮，点击"-""+"按钮移动工作台，如需快速移动可以点击"快速"按钮。移动各轴，回原点按钮上方灯熄灭，如图 9-30 所示。

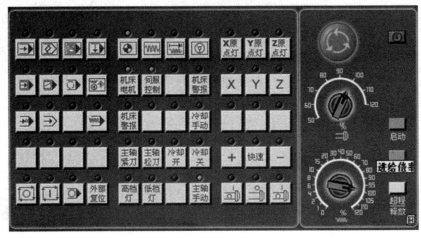

图 9-30　移动各轴界面

3. 对刀

(1) 点击菜单栏里的"机床"选择"基准工具"或直接点击 按钮，进入基准界面，选择基准工具，点击确定如图 9-31 所示。(若此前主轴上有刀具，需先拆除刀具，即点击菜单栏里的"机床"选择"拆除工具"，然后再选择基准工具。)

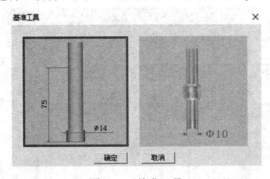

图 9-31　基准工具

(2) X、Y 轴对刀：按操作面板中的按钮 进入"手动"模式；按 MDI 键盘上的 pos，使 CRT 界面上显示坐标值；借助"视图"菜单中的动态旋转、动态放缩、动态平移等工具，适当按"X""Y""Z"按钮和"+""-"按钮，将机床移动到大致位置。

移动到大致位置后，可以采用手轮调节方式移动机床，点击菜单"塞尺检查"选择 1 mm塞尺，基准工具和零件之间被插入塞尺。按操作面板上的 按钮，使手动脉冲指示灯变亮，⬚ 采用手动脉冲方式精确移动机床，按 ⬚ 显示手轮 ⬚，将手轮对应轴旋钮 ⬚ 置于 X 挡，调节手轮进给速度旋钮 ⬚，在手轮 ⬚ 上点击鼠标左键或右键精确移动靠棒。使得提示信息对话框显示"塞尺检查的结果：合适"，如图 9-32 所示。

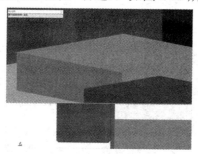

图 9-32　塞尺检查局部放大图

记录塞尺检查结果为"合适"时 CRT 界面中的 X 坐标值，此为基准工具中心的 X 坐标，记为 X_1；将定义毛坯数据时设定的零件的长度记为 X_2；将塞尺厚度记为 X_3；将基准工件直径记为 X_4（可在选择基准工具时读出）。则工件上表面中心的 X 的坐标为：基准工具中心的 X 坐标 − 零件长度的一半 − 塞尺厚度 − 基准工具半径，即 $X_1 - X_2/2 - X_3 - X_4/2$。将计算结果记为 x。

Y 方向对刀采用同样的方法。得到工件中心的 Y 坐标，记为 y。

完成 X、Y 方向对刀后，点击菜单"塞尺检查/收回塞尺"将塞尺收回，点击 ⬚，机床转入手动操作状态，点击"Z"和"$+$"按钮，将 Z 轴抬起，再点击菜单"机床/拆除工具"拆除基准工具。

注：塞尺有各种不同尺寸，可以根据需要调用。本系统提供的塞尺尺寸有 0.05 mm，0.1 mm，0.2 mm，1 mm，2 mm，3 mm，100 mm（量块）。

(3) Z 轴对刀：铣床 Z 轴对刀时采用实际加工时所要使用的刀具，点击菜单"机床/选择刀具"或点击工具条上的小图标 ⬚，选择所需刀具。装好刀具后，点击操作面板中的按钮 ⬚ 进入"手动"方式；利用操作面板上的"X""Y""Z"按钮和"$+$""$-$"按钮，将机床移到大致位置。

类似在 X、Y 方向对刀的方法进行塞尺检查，得到"塞尺检查：合适"时 Z 的坐标值，记为 Z_1，如图 9-33 所示。则工件中心的 Z 坐标值为：Z_1 − 塞尺厚度，即得到工件表面一点处 Z 的坐标值，记为 z。

图 9-33　局部放大图

4. G54～G59 参数设置及刀具补偿设置

1) G54～G59 参数设置

在 MDI 键盘上按 键，按软键"坐标系"进入坐标系参数设定界面，利用方向移动键将光标停留在选定的坐标系参数设定区域，如图 9-34 所示。

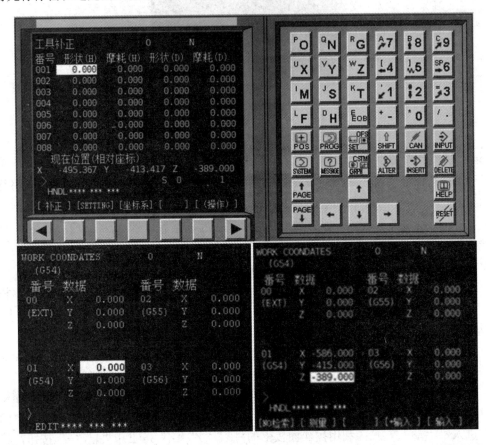

图 9-34　坐标系参数设定界面

利用 MDI 键盘输入通过对刀得到的工件坐标原点在机床坐标系中的坐标值的方法如下：设通过对刀得到的工件坐标原点在机床坐标系中的坐标值(如 −586，−415，−389)，则首先将光标移到 G54 坐标系 X 的位置，在 MDI 键盘上输入"−586.00"，按软键"输入"或按 ，参数输入到指定区域。按 键逐字删除输入域中的字符。按 ↓，将光标移到 Y 的位置，输入"−415.00"，按软键"输入"或按 ，参数输入到指定区域。同样的可以输入 Z 的值，此时 CRT 界面如图 9-34 所示。

2) 刀具补偿设置

(1) 输入直径补偿参数。

在 MDI 键盘上按 键，进入参数补偿设定界面，如图 9-35 所示。用方位键 ↑ ↓ 选择所需的番号，并用 ← → 确定需要设定的直径补偿是形状补偿还是摩耗补偿，将光标移到相应的区域。按 MDI 键盘上的数字/字母键，输入刀具直径补偿参数。按软键"输入"或按 ，将参数输入到指定区域。按 键逐字删除输入域中的字符。

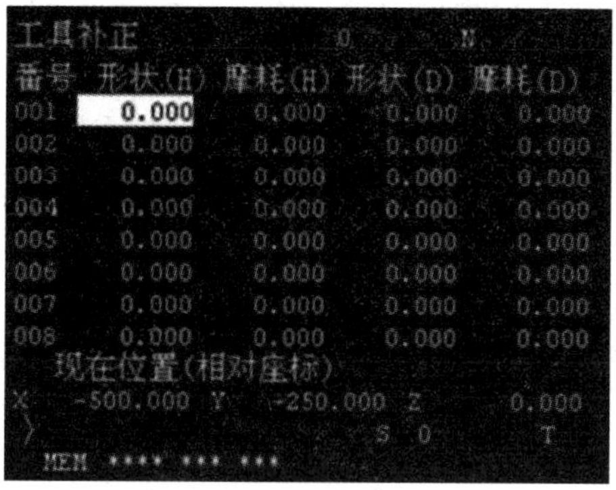

图 9-35　参数补偿设定界面

(2) 输入长度补偿参数。

在 MDI 键盘上按 OFFSET SETTING 键，进入参数补偿设定界面，如图 9-35 所示。用方位键 ↑ ↓ 选择所需的番号，并用 ← → 确定需要设定的长度补偿是形状补偿还是摩耗补偿，将光标移到相应的区域。按 MDI 键盘上的数字/字母键，输入刀具长度补偿参数。按软键“输入”或按 INPUT，将参数输入到指定区域。按 CAN 键逐字删除输入域中的字符。

5. 程序导入

数控程序可以通过记事本或写字板等编辑软件输入并保存为.NC 文件，也可直接用 FANUC 0i 系统的 MDI 键盘输入。

按操作面板上的编辑 ，编辑状态指示灯变亮，此时进入编辑状态。按 MDI 键盘上的 PROG，CRT 界面转入编辑页面。再按软键“操作”，在出现的下级子菜单中按软键 ▶，按软键“READ”，转入如图 9-36(a)所示的界面，按 MDI 键盘上的数字/字母键，输入“Ox”(x 为任意不超过四位的数字)，按软键“EXEC”；点击菜单“机床/DNC 传送”，在弹出的对话框中选择所需的 NC 程序，按“打开”确认，如图 9-36(b)所示，则数控程序被导入并显示在 CRT 界面上。

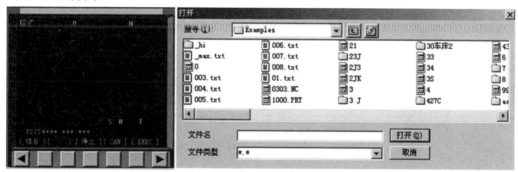

(a) 导入界面　　(b) 程序默认路径

图 9-36　程序导入

6. 程序运行

程序运行的操作方法如下：

(1) 检查机床是否回零，若未回零，先将机床回零。

(2) 导入数控程序或自行编写一段程序。

(3) 按操作面板上的"自动运行"按钮，使其指示灯变亮 ⏩ 。

(4) 按操作面板上的 [I]，程序开始执行。

(5) 数控程序在运行时，按暂停键 [O]，程序停止执行；再按 [I] 键，程序从暂停位置开始执行。

(6) 数控程序在运行时，按停止键 ⏵ ，程序停止执行；再按 [I] 键，程序从开头重新执行。

(7) 数控程序在运行时，按下急停按钮 ⏺ ，数控程序中断运行，继续运行时，先将急停按钮松开，再按 [I] 按钮，余下的数控程序从中断行开始作为一个独立的程序执行。

第 10 章　数控雕刻工艺实训

 实训目的

- 掌握数控雕刻机的结构特点、工作原理及加工方法。
- 了解数控雕刻机与加工中心的联系。
- 掌握 FANUC 系统的基本代码编程与调试流程。

10.1　实　训　安　全

数控雕刻是铣削加工的一种特殊应用，是将普通铣床进行小型化和数控化的设计改造，由步进电机或者伺服电机驱动 $X/Y/Z$ 轴运动，带动主轴上的雕刻刀在工件上进行轨迹刻画的铣削方法。数控雕刻机可对铝合金、铜、电木、木质、玉、玻璃、塑胶、亚克力等进行浮雕、平雕、镂空雕刻等。雕刻速度快，精度高。根据数控雕刻的加工特点，从安全文明实训的角度出发，学生在参加实训时必须严格遵守以下事项：

(1) 操作人员须穿着工服，长发人员要头戴工帽。

(2) 操作人员应熟悉和掌握机器的性能与特征。

(3) 操作人员必须认真检查程序，调试后无错误方可加工。

(4) 操作人员要确保紧急停止开关良好，避免发生事故。

(5) 拆装工件时，须停止机器，并注意工件与刀具保持安全距离。

(6) 刀具磨损时要及时示意并更换刀具。

(7) 实训结束后，关闭电源，将雕刻机清理干净，并清扫场地。

10.2　基　本　知　识　点

10.2.1　数控雕刻机的结构

数控雕刻机是以加工中心或者数控铣床为设计原型制作的，如图 10-1 所示。由于加工中心操作复杂，学习周期较长，不利于非机械类专业的学生在金工实习中进行短期的实践学习。而数控雕刻机操作简便，学习周期短，因此选用数控雕刻机作为实习设备。

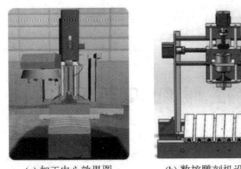

(a) 加工中心效果图　　(b) 数控雕刻机设计模型　　(c) 数控雕刻机实体机

图 10-1　加工中心与数控雕刻机

数控雕刻机的机械传动部分与加工中心和数控铣床的相同，二者都是利用电机驱动滚珠丝杠带动丝杠螺母实现轴向运动的，区别是加工中心使用的是伺服电机，而数控雕刻机使用的是步进电机。下面将加工中心和数控雕刻机的各部分进行比较展示，如图 10-2 所示。

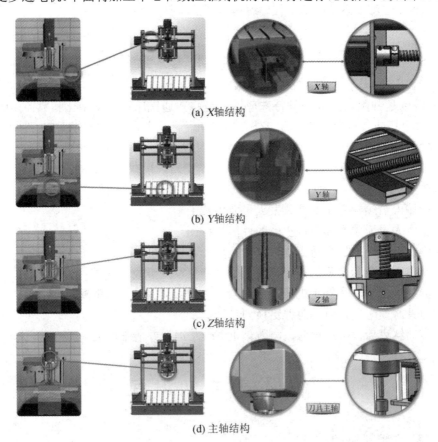

(a) X轴结构

(b) Y轴结构

(c) Z轴结构

(d) 主轴结构

图 10-2　加工中心与数控雕刻机结构对比

10.2.2　FANUC 系统的基本代码

在数控雕刻的实习中，我们主要使用快速点定位 G00 指令、直线插补 G01、圆弧插补

G02 和 G03 以及一些辅助功能代码 M，前面章节已具体介绍过，在此不再赘述。具体应用
如下：

G90	绝对值指令
G91	增量值指令
G00 X_ Y_ Z_ ;	快速点定位指令
G01 X_ Y_ Z_ F_ ;	直线插补指令
G02 X_ Y_ R_ F_ ;	顺时针圆弧插补指令(作弧)
G03 X_ Y_ R_ F_ ;	逆时针圆弧插补指令(作弧)
G02/G03 I_ J_ F_ ;	(作圆)
M03 S_ ;	主轴正转指令
M30;	程序结束指令
F_	进给速度

10.2.3 程序验证

数控雕刻程序要根据自己设计的图形进行手工编写。图形设计是以 AutoCAD 2007 为
设计平台的，具体要求如下：

(1) 图形的设计范围：50×50 的矩形内。

(2) 图素要求：只能利用直线、圆弧、圆这三种图素绘制图形。

(3) 坐标原点的选择：可根据自己绘制的图形特征自定义坐标原点的位置。如对称图
形可以将 50×50 的矩形中心作为坐标原点，便于后面的代码编程。

将所绘制的图形进行手工编程，程序编好后，用雕刻程序校验软件进行格式数据的检
测，如图 10-3 所示。

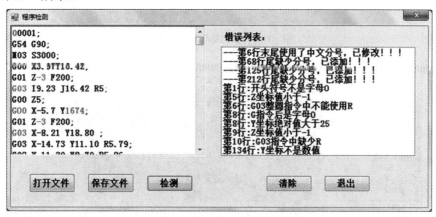

图 10-3 雕刻程序检测软件界面

检查步骤如下：

(1) 打开后缀为 txt 的文本文件。

(2) 观察右侧图框会不会出现问题提示。

(3) 按照右侧图框出现的问题提示修改所编写的 G 代码，直至右侧图框不再出现错误
提示。

(4) 保存修改后的文件。

注意：编程尺寸是 50×50，圆心在中心，右侧出现 X、Y 坐标绝对值大于 25 的错误提示才有意义。

10.2.4　程序调试

程序的格式、数据校验后，还需要使用 Mach3Mill 程序调试软件进行程序验证及调试。Mach3Mill 软件界面如图 10-4 所示。

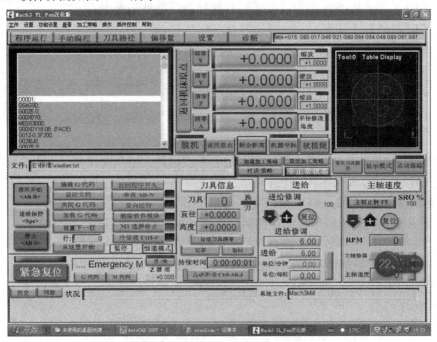

图 10-4　Mach3Mill 软件界面

程序调试如图 10-5 所示，步骤如下：

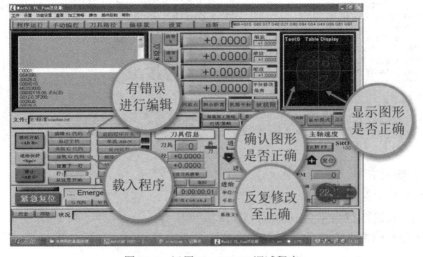

图 10-5　运用 Mach3Mill 调试程序

(1) 载入：载入程序。

(2) 观察：观察图形框中显示的图形是否正确。

(3) 修改：没有图形显示或与绘制的图形不一致均表示程序有错误，点击"编辑 G 代码"按钮进行修改。

(4) 再观察：观察图形框中显示的图形是否正确。

(5) 直至图形显示正确。

10.2.5　雕刻加工

雕刻加工操作主要包括以下三方面内容。

1. 准备工作

准备工作由三部分组成：

(1) 通电：接通数控雕刻机控制箱的电源。

(2) 开机：打开电脑主机。

(3) 调状态：将控制箱上的紧急停止开关和 Mach3Mill 界面上的紧急复位按键进行重置，使电脑、控制箱、数控雕刻机三部分的信号连接。

2. 对刀

对刀的目的是将编程时的工件坐标系(编程基准)和加工时的加工坐标系(工艺基准)统一，即让雕刻机知道编程坐标系的原点在机床坐标系的哪个位置上。对刀步骤如下：

(1) 载程序：通过 Mach3Mill 软件载入程序。

(2) 调基准：即对刀，对刀步骤如下：

① 利用手轮控制雕刻刀移动，使其刀尖停在加工坐标系原点上。

② 雕刻刀的移动会使 Mach3Mill 界面上的图形框中十字交点偏移(十字交点等同于刀尖)，点击 Mach3Mill 界面上的"返回机床原点"按钮，使偏移的交点重置回工件坐标系原点位置。

3. 加工

加工时应注意以下两个方面：

(1) 观效果：加工参数设置的不同会得到不同的加工效果。加工参数包括刀具转速、进给速度、雕刻深度等。

(2) 重安全：操作过程中要严格遵守数控雕刻安全操作守则。

10.3　实　训　案　例

10.3.1　图形雕刻加工

以图 10-6 所示的笑脸图形为例，对数控雕刻加工进行详细介绍。

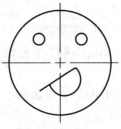

图 10-6　笑脸图形

(1) 程序编写。

设定图形的中心作为我们的编程基准，按照编程要求编写程序如下。

```
O5555;
G90G54;
M03S3000;
G00Z5.0;

G00X0Y18.52;(FACE)
G01Z-0.3F200;
G02I0J0;
G00Z5.0;

G00X-7.75Y6.3;(LE)
G01Z-0.3F200;
G02I-7.75J8.33;
G00Z5.0;

G00X7.75Y6.3;(RE)
G01Z-0.3F200;
G02I7.75J8.33;
G00Z5.0;

G00X-7.36Y-10;(M)
G01Z-0.3F200;
G01X5.68Y-1.72;
G02X-3.69Y-7.83R-5.7;
G00Z5.0;
M30;
```

(2) 将编写的笑脸程序放入到程序检测软件中，检查格式是否正确，如正确则进行下一步。

(3) 将编写的程序放入到 Mach3Mill 软件中，进行程序的调试；调试正确后进入加工环节。

(4) 载入调试好的程序，按照开机、装夹工件、对刀、加工的顺序完成工件的雕刻。

10.3.2　数控雕刻实训

自行设计图形，并完成雕刻加工。

(1) 根据设计的图形编写程序。

(2) 将编写的程序检测并调试后输入系统。

(3) 在老师的指导下完成工件的装夹、对刀等操作，完成雕刻。

第 11 章　线切割工艺实训

 实训目的

- 了解电火花线切割的安全操作守则及实训要求。
- 学习巩固线切割加工原理、机床结构及加工特点等基本知识。
- 通过案例掌握线切割手工和自动编程方法以及线切割机床操作。

11.1　实　训　安　全

　　电火花线切割加工是利用移动的细金属导线(钼丝或铜丝)作为电极,对工件进行脉冲火花放电,靠放电时局部瞬间产生的高温来去除多余的工件材料。根据电火花线切割的加工特点以及线切割机床的操作要求,从安全文明实训的角度出发,学生在参加实训时必须严格遵守以下事项。

11.1.1　电火花线切割安全操作守则

　　(1) 开机前须检查室内温度是否符合工作要求(15℃～25℃)。

　　(2) 开机前,检查电火花线切割机床各按键、仪表、手柄及运动部件是否灵活正常。通电检查,待一切正常后进行工作。

　　(3) 在机床启动前,各运动机构要加注润滑油,使用后机床要擦净并加油。

　　(4) 未经指导老师允许,严禁动用设备及一切物品。

　　(5) 操作机床时,必须站在绝缘板上,且不准用手柄或其他导体触摸工件或电极。

　　(6) 不能直接用手触动电极丝,以防折断或拉伤。

　　(7) 工件安装位置要使切割范围在机床纵横拖板的许可行程之内。

　　(8) 计算机为机床附件,禁止他用。

　　(9) 切割过程中不能用手接触工件,以防触电。

　　(10) 切割过程中不得离开机床。

　　(11) 装卸工件时,工作台上必须垫木板或者橡胶板,以防工件掉下砸伤工作台。

　　(12) 机床不能超负荷运转,X、Y轴不允许超出限制尺寸。

(13) 更换工作液或清扫机床时，必须切断电源。

(14) 实训结束后，清理机床，在易蚀部位涂抹保护油，将工件及工具摆放整齐，切断电源，确认安全后方可离开。

11.1.2　电火花线切割实训要求

(1) 进入工程训练场地须穿工作服，戴好防护用品，长发人员须戴工作帽，女同学不准穿高跟鞋。

(2) 必须在指导老师的指导下进行操作，不得擅自使用机床。

(3) 未经指导老师允许，严禁动用设备及一切物品。

(4) 工件以及工具等放置应稳妥、整齐、合理，便于取用。

(5) 工具箱内应分类摆放物品。

(6) 严禁在车间内嬉戏、打闹。

(7) 操作过程中不得做与操作无关的事情。

(8) 工作中不准擅自离开机床。

(9) 工作场地周围应保持清洁、整齐。

(10) 实训完毕，将用过的物品擦净归位，认真清理工程训练场地，关闭电源，经指导老师同意后方可离开。

11.2　基 本 知 识 点

11.2.1　电火花线切割加工原理

电火花线切割加工是利用移动的细金属导线(钼丝或铜丝)作为电极，对工件进行脉冲火花放电，靠放电时局部瞬间产生的高温来去除多余的工件材料，以此进行切割加工的方法，如图 11-1 所示。作为电极的钼丝或铜丝，在储丝筒的带动下作正反向交替移动，脉冲电源的负极连接电极丝，正极连接工件，在电极丝和工件之间喷注工作液，工作台在水平面的两个坐标方向上各自按预定的控制程序，由数控系统驱动作伺服进给移动，完成工件的切割加工。线切割加工过程及示意分别如图 11-2 和 11-3 所示。

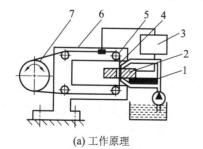
(a) 工作原理

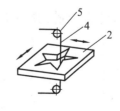
(b) 加工放大

1—绝缘底板；2—工件；3—脉冲电源；4—电极丝；5—导向轮；6—支架；7—储丝筒。

图 11-1　电火花线切割原理

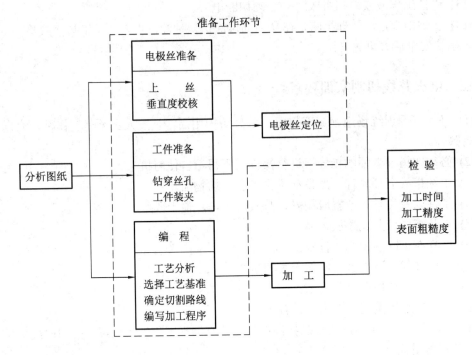

图 11-2 线切割加工过程

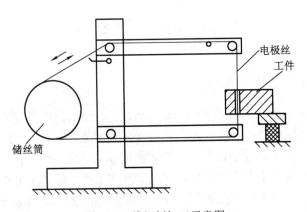

图 11-3 线切割加工示意图

11.2.2 电火花线切割机床结构

电火花线切割机床通常分为快走丝和慢走丝两类。快走丝通常采用钼丝作为电极丝，慢走丝通常采用铜丝作为电极丝。快走丝机床的电极丝作高速往复运动，电极丝可以多次重复使用，走丝速度在 8~10 m/s；慢走丝机床的电极丝作单向运动，只能使用一次，走丝速度一般低于 0.2 m/s。我国生产和使用的多为快走丝电火花线切割机床。如图 11-4 所示，数控快走丝电火花线切割机床主要由机床本体、控制系统、脉冲电源、工作液循环系统和机床附件等部分组成。

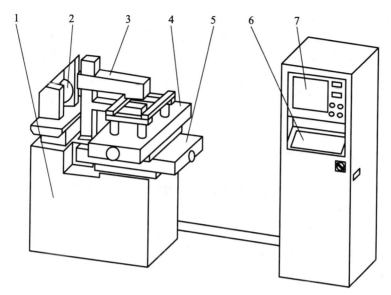

1—床身；2—走丝机构；3—导丝架；4—Y向工作台；5—X向工作台；6—键盘；7—显示屏。

图 11-4　数控电火花线切割机床示意图

1. 机床本体

机床本体又称切割台，是线切割机床的机械部分，由床身、工作台、走丝机构、锥度切割装置、导丝架和夹具等部分组成。

(1) 工作台：由电动机、滚动丝杠和导轨组成，带动工件实现 X、Y 方向的直线运动。

(2) 走丝机构：走丝电机带动储丝筒作正反向旋转，使电极丝往复运动并保持一定的张力。储丝筒在旋转的同时作轴向移动。

(3) 锥度切割装置：由偏移导轮或采用坐标联动机构，可实现锥度切割加工和上下异型截面加工。

2. 控制系统

控制系统是进行电火花线切割的关键。它的主要作用是在加工过程中，按加工要求自动控制电极丝相对工件的运动轨迹和伺服进给速度，以获得所需工件的形状和尺寸。

3. 脉冲电源

脉冲电源是将产生的脉冲信号放大，加到工件与电极丝之间，进行电蚀加工。

4. 工作液循环系统

工作液循环系统提供线切割加工时的工作液，起到冷却、排屑和迅速恢复绝缘的作用。

11.2.3　电火花线切割加工特点

线切割加工的特点如下：

(1) 加工性：其加工性主要取决于材料的导电性和热学特性，几乎与材料的力学性能无关。

(2) 加工成形工具及复杂形状工件：由于靠放电加工，电极丝很细(直径小于 0.3 mm)，可以加工微细异形孔、窄缝和形状复杂的工件，如带锥度型腔的电极、微细复杂形状的电极和各种样板、成形刀具等；还用于各种模具制造，如凸模、凹模及各种形状的冲模等。

(3) 适合的加工材料：此方法适合加工各种稀有、贵重金属材料，用机械加工方法不能加工的导电材料，高硬度、高脆性等难加工材料以及低刚度工件。

(4) 电极标准：采用电极丝，不需要设计和加工工具电极，成本降低，加工周期缩短。

(5) 加工安全：采用水或水基工作液不会引燃起火，易实现安全无人运转。

11.2.4　数控电火花线切割编程

数控电火花线切割程序的编制要符合 ISO 标准及国家标准要求的坐标系规定，程序格式、结构，程序段和字的组成。线切割编程格式有 3B(个别扩为 4B 或 5B)，ISO(国际标准化组织)和 EIA(美国电子工业协会)。为了便于交流，对编程格式进行统一规范。我国生产的线切割机床控制系统逐步采用 ISO 格式编程。

1. 数控电火花线切割机床的编程特点

数控电火花线切割机床的常用指令格式符合 ISO 标准，与数控铣床的指令格式基本相同，但又有其自身的特殊性。下面介绍一些常用的编程指令。

(1) 运动坐标：数控线切割机床中，X、Y 为工作台的运动坐标，U、V 为锥度切割装置的运动坐标，坐标值的单位是 mm，小数点后要保留 3 位小数。

编程格式：G01　X_Y_U_V_；其功能为实现 X、Y、U、V 四轴联动直线插补。

(2) 丝半径补偿 D：在数控铣削加工中 D 为刀具半径，而数控线切割加工中的 D 为丝半径与放电间隙之和。

(3) 圆弧插补：指令格式 G02、G03 与数控铣削加工中的含义完全相同，但数控线切割加工中没有平面选择功能。

编程格式：G02　X_Y_I_J_；其中 I、J 是圆心在 X、Y 轴上相对于圆弧起点的坐标。

(4) 加工延时：加工延时指令 E 为数控线切割加工所有，其单位为 ms。

(5) 开关指令：T84、T85 分别是开、关工作液；T86、T87 分别是开、关走丝。

2. 数控电火花线切割编程

数控电火花线切割编程可分为手工编程和自动编程。手工编程的工作量大，当零件的形状复杂或具有非圆曲线时，容易出错；现在的数控线切割机床，一般都具有多种自动编程功能，可以减少出错，保证加工精度，提高工作效率。

(1) 手工编程。手工编程就是用规定的代码编写加工程序，手动其编程规则如下：

① 程序起始行(G92)位于其他所有行(不包括注释行)之前，但并不是必需的。

② 每一程序行只允许含一个代码。

③ 注释以 "%" 开始至行末结束。

(2) 自动编程。自动编程是指输入图形之后，经过简单操作，计算机即编出加工程序。自动编程分为三步：输入图形、生成加工轨迹和生成加工程序。对简单或规则的图形，可利用 CAD/CAM 软件的绘图功能直接输入；对不规则图形可以用扫描仪输入，经位图矢量化处理后使用。前者能保证尺寸精度，适用于零件的加工；后者会有一定的误差，适用于毛笔字和工艺美术图案的加工。另外，还可以利用线切割机床自带的 SCAM 系统(启动

机床即进入手动模式，按[F8]CAM 即进入 SCAM 系统)进行简单图形的绘制和加工程序
的生成。

11.2.5　CAXA 和 R2V 线切割软件编程

CAXA 线切割自动编程软件应用比较多，下面就以此软件和 R2V 软件为例，简要介绍
计算机数控线切割编程。首先要绘制加工图形来生成加工轨迹，然后在屏幕上进行加工轨迹
仿真，最后自动编写线切割加工程序，编程之后就可直接用于控制线切割机床进行加工。

1. CAXA 线切割程序自动生成过程

(1) 绘图：在 CAXA 线切割软件中绘制直线和圆弧构成的各种图形以及公式曲线等，
或者将其他绘图工具如 CAD、CAM 等绘制的图形导入 CAXA 线切割软件。

(2) 生成加工轨迹：单击"线切割"菜单中的"轨迹生成"项。

① 输入切入方向：选"垂直"切入，输入轮廓精度和切割次数，选轨迹生成时自动
补偿。

② 输入偏移量和补偿量。

③ 选择加工方向：单击图形轮廓线，选择加工方向和补偿方向。

④ 输入穿丝点位置。

(3) 生成代码：单击"线切割"菜单中的"G 代码"，在生成机床 G 代码对话框中输入
文件名并保存，拾取加工轨迹后，屏幕上显示出该图形的程序代码。

2. R2V 扫描输入编程

对精度要求不高且形状复杂的二维图形，可以采用扫描输入编程。其编程过程由以下
几个步骤组成：

(1) 导入图形：打开 R2V 软件，导入需要生成程序的图形。

(2) 图形编辑：扫描输入的图像其画面质量因原图情况不同，会有很大的差异，为了
下一步矢量化，要用图形软件把图像处理成黑白图。

(3) 矢量化：点击"矢量化"菜单中的"自动矢量化"，在弹出的对话框里选择 "提
取轮廓"，完成图形的矢量化。

(4) 保存图形：点击"文件"菜单中的"选择矢量化输出"，将其保存为.igs 文件。

(5) 用 CAXA 生成加工程序：完成了图形矢量化后，利用 CAXA 线切割软件提取.igs
文件，然后按上面介绍的方法生成线切割的加工轨迹和加工程序。

11.2.6　电火花线切割机床的操作

1. 启动机床

首先打开机床总电源开关(在控制柜的侧面)，然后按下控制柜控制面板上的强电开关，
再旋转弹起主轴箱上的急停开关，系统启动并自动进入手动模式。

2. 安装工件

将夹具底部擦拭干净，置于工作台上的适当位置并紧固；擦净夹具限位面及工件定位

面；安装工件，找正并夹紧。

3. 安装电极丝

图 11-5 所示为钼丝的穿丝示意图。把钼丝均匀缠绕在储丝筒的表面，两端钼丝留 5 mm 左右余量；如果工件上有穿丝孔，则移动工作台至工件穿丝孔位置；从储丝筒上取下钼丝的端头，通过上导轮穿过工件穿丝孔，再通过下导轮、导向过轮引向储丝筒，张紧并固定，并用找正器或校直仪找正钼丝，保证其在 X、Y 方向的垂直度。

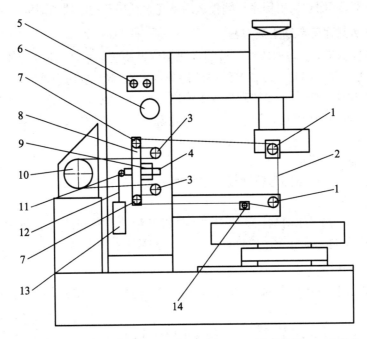

1—主导轮；2—电极丝；3—辅助导轮；4—直线导轮；5—工作液旋钮；6—上丝盘；7—张紧轮；
8—移动板；9—导轨滑块；10—储丝筒；11—定滑轮；12—绳索；13—重锤；14—导电块。

图 11-5　穿丝示意图

4. 建立加工坐标系

具有穿丝孔的工件安装好后，把钼丝从穿丝孔穿过，在手动模式下，根据主界面下方的提示，按"F3"键，按"ENTER"确认，电极丝便自动找正穿丝孔中心。钼丝将自动先向 X 正方向移动接触工件一侧内壁，再向 X 负方向移动接触工件另一侧内壁，然后钼丝自动回到两次接触点之间线段的中心处停止移动，根据出现的选择界面提示，用 MDI 键盘回车键确认。Y 方向的找正与 X 方向类似，钼丝最后停在 Y 方向两次接触点线段的中点处，此时界面显示的坐标值就是要建立的工件坐标系原点的机床坐标值。

从毛坯外围开始加工时，安装好工件和钼丝后，打开电源及脉冲参数调节面板上"变频/进给"开关，在数控系统主界面上选择"靠边定位"；在出现的"定位方向"选择菜单"L_1 方向"，"L_2 方向"，"L_3 方向"，"L_4 方向"选择钼丝移动的方向，钼丝将自动向选定的方向移动，接触工件后停止，此时界面上显示工件坐标系原点的机床坐标值。

5．上传程序

在手动模式下，按"F10"键，进入编辑模式，按"F1"键，屏幕下方显示"从硬盘(按D)或软盘(按 B)装入"信息，按"D"即可从硬盘中选择已经编辑好的程序，点击确定，即开始上传所选的程序。

6．校验程序

在编辑模式上传完程序后，按"F9"进入自动模式，将"模拟"打为 ON，将程序描画一次以检查程序是否有代码错误，如果显示有错误，则进入编辑模式对程序进行相应修改，再进入自动模式进行模拟，直至不显示有错误。

7．自动加工

进入自动模式，将"预演"设为 OFF，将"模拟"设为 OFF，点击"确定"，即开始自动加工，并在加工时描画实际轨迹。

8．关闭机床

移动机床各坐标轴，离开工件，按下急停按钮，关闭控制系统电源，关闭机床总电源开关。

11.3　实 训 案 例

11.3.1　立柱零件编程

如图 11-6 所示是小型三轴数控雕刻机的立柱，下面结合该实例介绍数控电火花线切割的手工编程和自动编程。

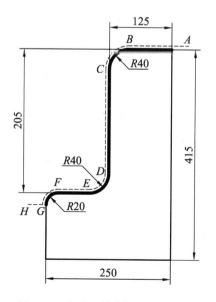

图 11-6　小型三轴数控雕刻机立柱

1. 手工编程

图 11-6 中粗实线为待加工轮廓，加工偏移量取 0.1 mm(钼丝半径＋放电间隙)，钼丝加工运行轨迹及方向如图中虚线所示 $A \to B \to C \to D \to E \to F \to G \to H$，采用手工编程时有两种方法：

(1) 按虚线直接编写钼丝移动的运行程序。

(2) 按实线编写程序，用 G41(G42)给出偏移量。

这里用第二种方法编写的程序如表 11-1 所示。

表 11-1　线切割手工编程

程 序 代 码	说 明
N10　G90;	绝对坐标方式输入编程
N20　G92　X10.000　Y0.000;	设定电极丝起始点为 A
N30　G42　G01　X-85.000　Y0.000;	直线移动到 B 点
N40　G03　X-125.000　Y-40.000　R40.000;	逆时针圆弧移动到 C 点
N50　G01　X-125.000　Y-245.000;	直线移动到 D 点
N60　G02　X-165.000　Y-285.000　R40.000;	顺时针圆弧移动到 E 点
N70　G01　X-230.000　Y-285.000;	直线移动到 F 点
N80　G03　X-250.000　Y-305.000　R20.000;	逆时针圆弧移动到 G 点
N90　G01　X-260.000　Y-305.000;	直线移动到 H 点
N100　M02;	程序结束

2. 自动编程

(1) 绘图：在 CAXA 线切割软件中绘制如图 11-6 所示立柱的加工轮廓图。

(2) 生成加工轨迹：单击"线切割"菜单中的"轨迹生成"项，按照下列步骤操作：

① 输入切入方向：选"垂直"切入，轮廓精度为 0.01，切割次数为 1，选轨迹生成时自动补偿。

② 输入偏移量和补偿量：在第一次加工后面输入 0.1。

③ 选择加工方向：单击图形轮廓线，选择加工方向和补偿方向。

④ 输入穿丝点位置：用键盘输入 10.0，输入退回点时若与穿丝点重合，按回车即可。

(3) 生成代码：单击"线切割"菜单中的"G 代码"，在生成机床 G 代码对话框中输入文件名并保存，拾取加工轨迹后，屏幕上显示出该图的程序代码。

下面是所生成的 ISO 代码程序：

```
N10  T84  T86  G90  G92  X10.000  Y0.000;
N20  G42  G01  X-85.000  Y0.000;
N30  G03  X-125.000  Y-40.000  R40.000;
N40  G01  X-125.000  Y-245.000;
N50  G02  X-165.000  Y-285.000  R40.000;
N60  G01  X-230.000  Y-285.000;
N70  G03  X-250.000  Y-305.000  R20.000;
```

N80　G01　X-260.000　Y-305.000;

N90　T85　T87　M02;

11.3.2　图形加工

利用 R2V 和 CAXA 软件自动生成如图 11-7 所示图形的线切割加工程序，并将图形加工出来。

图 11-7　图形

1. 图形处理

打开 R2V 软件，导入需要生成程序的图形(见图 11-7)；然后对导入的图形进行灰度转化，将图形转化为黑白格式；接下来点击"矢量化"菜单中的"自动矢量化"，在弹出的对话框里选择 "提取轮廓"，完成图形的矢量化；最后点击"文件"菜单中的"选择矢量化输出"，将其保存为 .igs 文件。

2. 自动生成程序

打开 CAXA 电火花线切割软件，从"文件"菜单选择"数据接口"提取上一步生成的.igs文件，打开图形，然后对导入的图形进行修改，让图形形成一个单层的闭合图形，并将图形的大小设为能加工的尺寸；单击"线切割"菜单中的"轨迹生成"，选"垂直"切入，轮廓精度为 0.01，切割次数为 1，选轨迹生成时自动补偿，在第一次加工后面输 0.1，单击图形轮廓线，选择加工方向和补偿方向，输入穿丝点位置后按"Enter"键就会在图形外侧生成加工轨迹图，如图 11-8 所示；单击"线切割"菜单中的"G 代码"，在生成机床 G 代码对话框中输入文件名并保存。拾取加工轨迹后，屏幕上显示该图的程序。自动生成的 ISO代码程序如下(中间虚线为省略部分)：

T84 T86 G90 G92 X465.474 Y489.412;

G01 X462.273 Y489.145;

G01 X462.237 Y489.567;

G01 X461.950 Y490.200;

……

……

……

......

G01 X462.296 Y488.864;

G01 X462.273 Y489.145;

G01 X465.474 Y489.412;

T85 T87 M02;

图 11-8　生成加工轨迹图

3. 加工图形

启动机床，系统启动并自动进入手动模式；将夹具底部擦拭干净，置于工作台上的适当位置紧固，擦净夹具限位面及工件定位面，安装工件，找正并夹紧；在手动模式下，按"F10"键，进入编辑模式，按"F1"键，屏幕下方显示"从硬盘(按 D)或软盘(按 B)装入"信息，按"D"即可从硬盘中选择已经编辑好的程序，点击确定，即开始上传所选的程序；上传完程序后，按"F9"进入自动模式，将"模拟"打为 ON，将程序描画一次以检查程序是否有代码错误，如果显示有错误，则进入编辑模式对程序进行相应修改，再进入自动模式进行模拟，直至不显示有错误；进入自动模式，将"预演"设为 OFF，将"模拟"设为 OFF，点击确定，即开始自动加工，并在加工时描画实际轨迹；工件加工完毕后关闭机床。

11.3.3　矩形零件扩孔

如图 11-9 所示的矩形工件中有一直径为 $\phi30$ 的圆孔，现由于某种需要欲将该孔扩大到 $\phi35$。已知 AB、BC 边为设计、加工基准，电极丝直径为 $\phi0.18$。该矩形零件的扩孔加工方法如下。

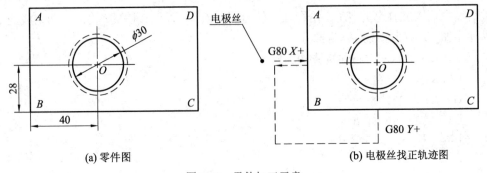

(a) 零件图　　　　　　　　　　　　　　　　　　(b) 电极丝找正轨迹图

图 11-9　零件加工示意

　　该零件加工分两部分完成，首先将电极丝定位于圆孔的中心，然后写出加工程序。电极丝定位于圆孔的中心有以下两种方法。

1. 方法一

　　首先电极丝碰 AB 边，X 值清零，再碰 BC 边，Y 值清零，然后解开电极丝，将电极丝穿入孔中，再移动到坐标点位置(40.09，28.09)。具体过程如下：

　　(1) 清理孔内部毛刺，将待加工零件装夹在线切割机床工作台上，利用千分表找正，尽可能使零件的设计基准 AB、BC 基面分别与机床工作台的进给方向 X、Y 轴保持平行。

　　(2) 用手控盒或操作面板等将电极丝移到 AB 边的左边，大致保证电极丝与圆孔中心的 Y 坐标相近(尽量消除工件装夹不佳带来的影响，理想情况下工件的 AB 边应与工作台的 Y 轴完全平行，而实际中很难做到)。

　　(3) 用 MDI 方式执行指令：

　　　　G80 X+；

　　　　G92 X0；

　　　　M05 G00 X-2.；

　　(4) 用手控盒或操作面板等方法将电极丝移到 BC 边的下边，大致保证电极丝与圆孔中心的 X 坐标相近。

　　(5) 用 MDI 方式执行指令：

　　　　G80 Y+；

　　　　G92 Y0；

　　　　T90；　　/仅适用慢走丝，目的是自动剪丝；对快走丝机床，则需手动解开电极丝。

　　　　G00 X40.09 Y28.09；

　　(6) 为保证定位准确，往往需要确认。具体方法是：在找到的圆孔中心位置用 MDI 或别的方法执行指令 G55 G92 X0 Y0；然后再在 G54 坐标系(G54 坐标系为机床默认的工作坐标系)中按前面(1)～(4)所示的步骤重新找圆孔中心位置，并观察该位置在 G55 坐标系下的坐标值。

　　若 G55 坐标系的坐标值与(0，0)相近或刚好是(0，0)，则说明找正比较准确，否则需要重新找正，直到最后两次中心孔在 G55 坐标系中的坐标相近或相同时为止。

2. 方法二

　　将电极丝在孔内穿好，然后按操作面板上的找中心按钮，即可自动找到圆孔的中心。具体过程为：

　　(1) 清理孔内部毛刺，将待加工零件装夹在线切割机床工作台上。

　　(2) 将电极丝穿入圆孔中。

　　(3) 按下自动找中心按钮找中心，记下该位置坐标值。

　　(4) 再次按下自动找中心按钮找中心，对比当前的坐标和上一步骤得到的坐标值；若数字重合或相差很小，则认为找中心成功。

　　(5) 若机床在找到中心后自动将坐标值清零，则需要同第一种方法一样进行如下操作：在第一次自动找到圆孔中心时用 MDI 或别的方法执行指令 G55 G92 X0 Y0；然后再按自动找中心按钮重新找中心，再观察重新找到的圆孔中心位置在 G55 坐标系下的坐标值。若

G55 坐标系的坐标值与(0，0)相近或刚好是(0，0)，则说明找正较准确，否则需要重新找正，直到最后两次找正的位置在 G55 坐标系中的坐标值相近或相同时为止。

3. 两种方法的比较

利用自动找中心按钮操作简便，速度快，适用于圆度较好的孔或对称形状的孔状零件，但若由于磨损等原因造成孔不圆则不宜采用。而利用设计基准找中心不但可以精确找到对称形状的圆孔、方孔等的中心，还可以精确定位于各种复杂孔形零件内的任意位置。虽然该方法较复杂，但在用线切割修补塑料模具中仍得到了广泛的应用。

综上所述，线切割定位有两种方法，这两种方法各有优劣，但其中关键一点是要采用有效的手段进行确认。一般来说，线切割的找正要重复几次，至少保证最后两次找正位置的坐标值相同或相近。通过灵活采用上述方法，能够实现电极丝定位精度在 0.005 mm 以内，从而有效地保证线切割加工的定位精度。

第 12 章　3D 打印工艺实训

 实训目的

- 了解 3D 打印的安全操作守则及注意事项。
- 了解 3D 打印的基本原理、设备操作与维护等基本知识。
- 通过案例掌握 3D 打印的工艺过程。

12.1　实　训　安　全

　　3D 打印属于增料加工，对于打印机本身的传动要求比较高，对于外界环境也有相应的要求。为了避免安全事故的发生，保障学生人身安全的同时减少打印机在教学过程中的损坏，3D 打印实训时必须严格遵守安全操作守则。

12.1.1　3D 打印安全操作守则

　　(1) 严禁在未熟悉使用方法的情况下触摸各按钮开关。

　　(2) 严禁两人及以上同时操作一台 3D 打印机。

　　(3) 操作应熟悉各个参数的输入范围和适用范围。

　　(4) 操作时，必须严格按照规定步骤进行，不得跳步操作。

　　(5) 加工过程中不能触摸工件和机器传动部件，以免烫伤。

　　(6) 加工过程中，注意观察打印材料是否已耗尽或接近耗尽，要及时更换，避免喷头空烧而损坏挤出机构。若需更换打印材料，应按 UP BOX+3D 打印机操作说明书进行更换。

　　(7) 加工过程中不得离开，要时刻观察打印机状况，遇到紧急情况及时向指导老师汇报，不得私自拆装打印机。

　　(8) 保持 3D 打印机周围环境清洁，确保无杂物、无油液，要定期加油润滑导轨。

　　(9) 加工结束后，使用小铲子工具以和托板接近平行的角度轻轻铲出打印好的零件，使用工具完成零件支撑等部分的清理与相关处理。

　　(10) 实训结束后，切断电源，整理桌面，打扫地面。

12.1.2　UP BOX+3D 打印机操作注意事项

　　(1) UP BOX+3D 打印机需要原厂制造商提供的电源适配器。否则机器可能损坏，甚至会引起火灾。电源适配器要远离水和高温。

(2) 在打印期间，打印机的喷嘴温度可达到 260℃，打印平台温度可达到 100℃。不要在高温状态下裸手接触打印机，即使用随机器附带的耐热手套也不能接触，因为高温可能会损坏手套从而烫伤手。

(3) 剥除支撑材料和将模型从多孔板取下时，要佩戴护目镜。

(4) 在打印期间，喷嘴和打印平台高速移动，不要在它们移动时触摸这些部件。

(5) 当使用 ABS 或 PLA 打印时，塑料会产生轻微的气味，应在通风良好的环境下运行打印机。打印机要置于温度稳定的环境，因为不必要的冷却可能对打印质量造成不良影响。

(6) 当 UP 软件向打印机发送数据时，如果软件界面左下角的状态条显示"SendingLayers"，不要拔下 USB 数据线，否则将中断数据传输，导致打印失败。USB 数据线可以在数据传输完成后拔下。

(7) UP BOX+的工作温度在 15℃～30℃，相对湿度 20%～50%。触摸打印机之前应释放身体静电，以防止打印中断和可能对打印机造成损坏。

12.2　基 本 知 识 点

12.2.1　3D 打印技术分类及工作原理

通过采用不同的材料及成型方式，3D 打印技术在实现方法上不断创新。3D 打印技术主要分为挤出成型、粒状物料成型、光聚合成型等。根据材料和设备的不同，以上三种类型又分别有多种成型方式。

1. 挤出成型

挤出成型是目前最容易实现的一种 3D 成型方式，主要以熔融沉积成型(FDM)技术实现，其工作原理如图 12-1 所示。计算机控制打印机已加热的喷头，根据模型设计的单层面数据在二维平面内运动。喷头可以将挤丝机传送过来的丝状打印材料熔化，然后从喷嘴挤出黏接到工作台上，在空气中冷却凝固。打印完一层之后，计算机控制喷头上升一层材料的高度，继续按下一层面的路径完成打印并堆积起来，最终实现整个打印件的成型。

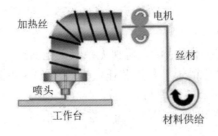

图 12-1　熔融沉积成型(FDM)技术原理图

FDM 技术是采用工业级热塑材料进行成型加工的，与其他类型的 3D 打印相比，其产品具有很好的耐热性和耐腐蚀性,已在机械零件等产品中得到直接应用。2012 年由 Stratasys 公司研发的超大型快速成型机 Fortus 900mc,具有相当高的成型精度和较大的成型尺寸,可以进行产品级零部件的生产。FDM 实现成本较低,目前市场上销售的 3D 打印机还是以 FDM 型设备为主,小型的 FDM 设备的价格甚至降到了几千元。

2. 粒状物料成型

粒状物料成型有多种变现途径。其中一种是将颗粒状的打印材料进行选择性的熔化,其余未被熔化的颗粒状材料作为成型件的支撑材料,同时这些材料还能循环利用。其实现方法主要有选择性激光烧结(SLS)技术(原理如图 12-2 所示),直接金属激光烧结(DMLS)技术,利用电子束熔化金属粉末的电子束熔炼(EBM)技术等。

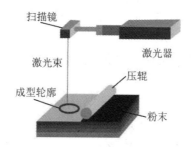

图 12-2　激光烧结(SLS)技术原理图

另一种是喷头式粉末成型。该技术是通过对每一层石膏或树脂粉的黏合来实现的,这样逐层堆积完成整个模型的打印。该技术可以将塑料、蜡状物和热固性树脂加入到粉末中一起打印,使打印件具有一定的强度,另外它可打印全色彩原型或具有弹性的部件。

3. 光聚合成型

光聚合成型也有多种实现途径。其一是利用光固化成型(SLA)技术实现 3D 打印,它是由美国 3D System 公司开发的,其成型原理如图 12-3 所示。利用该技术生产的产品表面质量好,成型精度较高,但是 SLA 设备对液态光敏聚合物进行操作时的工作环境要求也很高,且成型件强度和耐热性较差,不能实现产品的长时间存放。

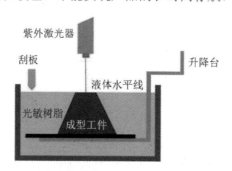

图 12-3　光固化成型(SLA)技术原理图

其二是喷头打印技术。它是将超薄光敏聚合物材料喷射到构件托盘上,分层堆积形成打印件。它可以打印支撑结构复杂的凝胶体材料。打印成型后通过手剥和水洗即可去除支撑材料。

其三是德国 EnvisionTec 公司研制的数字光处理(DLP)快速成型系统。该系统能够打印组合型的立体部件，在固化液态光聚合物时使用高分辨率的数字光处理器来完成，使得制造模型更加快速、精准。

12.2.2　3D 打印技术的应用领域

随着市场发展的需要和 3D 打印技术的不断发展，3D 打印技术的应用领域已经十分广泛，从航空航天到汽车、医疗、教育等都有涉及。接下来就目前应用较为广泛的几个领域进行介绍，了解不同行业 3D 打印技术的应用。

1. 汽车领域

3D 打印技术在汽车领域可用于快速原型制作，工具、工装夹具、零件的制造等。对于汽车领域而言，3D 打印技术与其他开发流程相比，只需花很少的时间就能将创意从设计工作室搬到生产车间，通过 3D 打印技术快速打印各种工具、夹具、治具和可用零件的原型，方便企业的测试与生产。尤其是对于部分小批量定制工具的制作，3D 打印技术可大大节约成本。

2. 医疗领域

3D 打印技术在医疗领域可用于手术规划模型，教学和培训以及医疗器械的原型制作。传统的以患者为基础的培训方法，无法准确得知患者的病理情况；现在利用 3D 打印技术，就可以通过根据真实患者的成像数据打印出 3D 模型进行直观教学与研究，将更好地推动医疗领域的发展。

3. 教育领域

3D 打印技术在教育领域可用于教育研究，可作为学院和大学教学的技术支撑，也可以作为职业学校专业技能的学习工具。可以让学生获得重要的学术经验，建立跨学科协作，甚至培养学生的创业精神。目前 3D 打印技术在国内的湖北科技职业学院的模具设计与制造专业中已经有所运用，该专业使用了 StratasysF3703D 打印机，其水溶性的支撑能大大提升复杂模具的打印质量。

4. 航空航天

3D 打印技术在航空航天领域可用于夹具和治具的制作，零件生产以及复合材料的加工。利用 3D 打印技术可以解决航空航天领域的设计难题，避免昂贵且耗时的加工和生产，实现更快的技术迭代、决策制定和对市场变化的反应。

5. 齿科领域

3D 打印技术在齿科领域主要用于正畸模型的制作。由于 3D 打印机体积小功能强大，所以即使是再小的实验室，也可以通过无缝的数字化工作流程，直接从口腔内扫描到牙齿结构后进行制作。这样节省时间、材料和存储空间，同时生产的矫治器也更加准确、舒适。Stratasys 的 J5DentaJet 就是一款适用于牙科技术的专用工具，它能制作出精度、准确度和逼真度都处于高水准的牙科零件。

除此之外，3D 打印技术在消费品、艺术与时尚等领域也有广泛应用，随着 3D 打印技术的不断发展，其产业规模也在快速增长，应用领域也在持续拓展，甚至深入我们的日常生活之中。3D 打印技术在未来将会成为衡量许多行业竞争力的一个重要因素。

12.2.3　UP BOX+3D 打印机的操作与维护

1. 安装多孔板

将多孔板放在打印平台上，确保加热板上的螺钉进入多孔板的孔洞中。在多孔板的右下角和左下角用手将加热板与多孔板压紧，然后将多孔板向前推，使其锁紧在加热板上。确保所有孔洞都已紧固，此时多孔板应放平。

 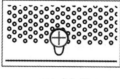 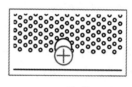

(a) 安装方向　　　　　　　　(b) 未扣紧　　　　　　　　(c) 已扣紧

图 12-4　安装多孔板

2. 安装丝盘

安装丝盘前，打开机器右侧磁盘盖，并将丝材插入丝盘架中的导管上(如图 12-5 所示)。把丝材送入导管直到丝材其从另一端伸出，将线盘安装到丝盘架上，然后盖好丝盘盖。

如图 12-6 所示使用 1 kg 的丝盘，将丝盘架附加组件安装至原丝盘架上。打印机还配备了突出的磁性外壳以安装更厚的丝盘。

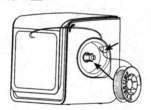

图 12-5　安装丝盘

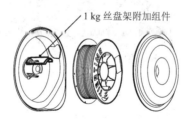

图 12-6　安装 1 kg 丝盘

3. 安装 UP Studio 软件

进入 www.tiertime.com 的下载页面，下载最新版的 UP Studio 软件(Mac 版本的 UP Studio 软件仅能从苹果应用商店下载)。双击 setup.exe 安装软件(默认安装路径 C:\Program Files\UP Studio\)。出现一个弹出窗口，选择"安装"，然后按照指示完成安装。这样打印机的驱动程序就被安装到系统中。

4. 打印机初始化

打印机每次打开时都需要初始化。在初始化期间，打印头和打印平台缓慢移动，并会触碰到 X、Y、Z 轴的限位开关。这一步很重要，因为打印机需要找到每个轴的原点。只有在初始化之后，软件其他选项才会亮起，供选择使用。初始化按钮的功能如下：

(1) 通过点击上述软件菜单中的"初始化"选项，可以对 UP BOX+进行初始化。

(2) 当打印机空闲时，长按打印机上的初始化按钮，也会触发初始化。

(3) 在打印期间，长按初始化按钮，打印机将停止当前的打印工作。

(4) 双击初始化按钮，打印机将重新打印上一项工作。

5. 平台自动校准

平台校准是打印成功最重要的步骤，因为它影响第一层的黏附情况。理想情况下，喷嘴和平台之间的距离是恒定的，但在实际中，由于很多原因(例如平台略微倾斜)，该距离在不同位置会有所不同，这可能造成打印件翘边，甚至完全失败。UP BOX+3D 打印机具有平台自动校准和喷嘴自动对高的功能。通过使用这两个功能，校准过程可以快速方便地完成。

在校准菜单中，选择"自动补偿"如图 12-7 所示。校准探头将被放下，并开始探测平台上的 9 个位置。探测平台后，调平数据将被更新，并储存在系统内，调平探头自动缩回。

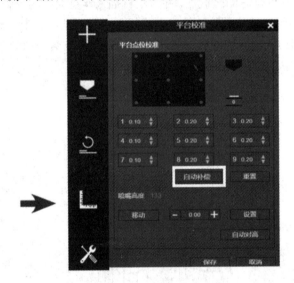

图 12-7　自动平台校准

自动调平完成并确认后，喷嘴对高自动开始。打印头会移动至喷嘴对高装置上方，喷嘴接触并挤压金属薄片以完成高度测量。

进行平台校准时应注意以下事项：

(1) 在校准前，将多孔板安装在平台上。

(2) 校准前清除喷嘴上残留的打印材料。

(3) 在喷嘴未被加热时进行校准。

(4) 平台校准和喷头对高只能在喷嘴温度低于 80℃的状态下进行。

6. 喷嘴自动对高

喷嘴对高除了在自动调平后自动启动，也可以手动启动。在校准菜单中选择"自动对高"，如图 12-8 所示，启动该功能。喷嘴对高时，喷嘴会轻触平台上的对高装置以测量高度值。

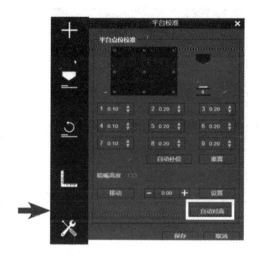

图 12-8　自动喷嘴对高

完成喷嘴对高之后，软件会询问机器上使用的多孔板类型，选择当前使用的多孔板类型以完成测量。

如果在自动调平之后出现持续的翘边问题，可能是平台严重不平并超出了自动调平功能的调平范围。这种情况下，自动调平之前先要手动粗调，再进行自动调平。

7. 准备打印

确保 3D 打印机开机，并连接到计算机。点击软件界面上的"维护"按钮，如图 12-9 所示，从材料下拉菜单中选择 ABS 或所用材料，并输入丝材重量。点击"挤出"按钮，打印头将开始加热，大约 5 分钟之后，打印头的温度达到熔点。例如，ABS 材料打印头温度为 260℃。

打印机发出蜂鸣后，打印头挤出电机开始工作，这时轻轻地将丝材插入打印头上的小扎。丝材达到打印头内的挤压机齿轮时，会被自动带入打印头。检查喷嘴挤出情况，如果打印材料从喷嘴出来，表示丝材加载正确，可以准备打印，挤出动作自动停止。

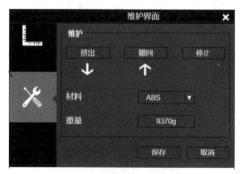

图 12-9　打印前的准备

8. 软件界面

打开 UP Studio 软件后，软件的界面如图 12-10 所示，主页包括账户、操作、文件库、帮助等菜单。登录账户之后，打开操作界面，进行加工模型浏览、参数设置以及加工操作等，如图 12-11 所示。

图 12-10　UP Studio 主页界面

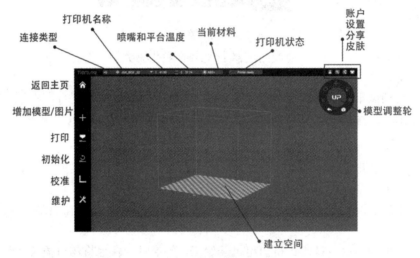

图 12-11　UP Studio 操作界面

　　点击图 12-11 中"增加模型/图片"按钮，打开需要加工的模型，利用"模型调整轮"对模型进行缩放、旋转以及移动等操作，如图 12-12 所示。电机"第二级菜单"还可以对模型进行镜像、固定、删除、恢复默认等操作，如图 12-13 所示。

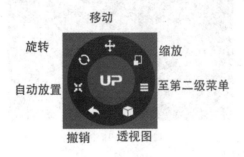

图 12-12　模型调整按钮

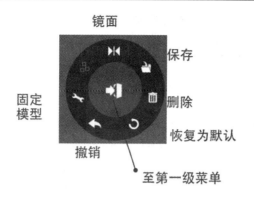

图 12-13　模型调整第二级菜单

9. 打印模型设置

点击图 12-11 中"打印"按钮，打开打印设置界面，如图 12-14 所示。

(1) 设置层片厚度(打印一层的厚度)。层片厚度的大小需要根据喷嘴直径和打印精度要求进行设置，一般 0.4 mm 的喷嘴建议设置层片厚度为 0.25 mm。层片厚度过小会降低打印速度，层片厚度过大可能造成黏接不牢固或表面粗糙等问题。

(2) 设置填充方式。图 12-14 所列填充方式分别代表外壳、表面无顶底、大孔、中孔、松散填充物、实心填充物。

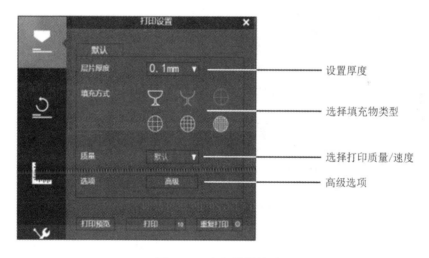

图 12-14　打印设置界面

(3) 高级设置。点击"高级选项"按钮，进入高级设置菜单，对模型的密闭层数、密闭角度、支撑层数、支撑间隔、有无支撑、有无底座等参数进行设置。

(4) 打印。点击"打印预览"按钮，软件将对模型进行切片操作，切片完成后会显示所需的材料重量和打印时间，点击"打印"按钮软件将切片生成的模型文件数据发送到打印机上开始打印操作。打印完成后，如需重复打印操作，只需点击打印设置页面的"重复打印"按钮或双击打印机上的初始化按钮即可进行重复打印操作。

10. 打印技巧

(1) 确保精确的喷嘴高度。喷嘴过低将造成打印机变形，过高将使喷嘴撞击平台，从而造成喷嘴损伤或堵塞。基于之前的打印结果，可以在"校准"界面手动微调喷嘴的高度值，尝试加减 0.1～0.2 mm 以调节喷嘴的高度。

(2) 正确校准打印平台并充分预热。未调平的平台通常会造成翘边。充分预热的平台对于打印大型打印件和确保打印件不产生翘边至关重要，因此要学会使用"打印"界面中的预热功能。

(3) 尽量选择基底打印。在正常打印时尽量使用基底，因为它可以使打印的物体更好地贴合在平台上，而且自动调平需打印基底才能生效，因此默认情况下该功能为打开。在"打印选项"面板中也可以将其关闭。

(4) 无支撑打印。用户可以选择不生成支撑结构，通过在"打印选项"面板中选择"无支撑"可以关闭支撑。但是，仍将产生 10 mm 的支撑提供稳定的基座。

12.3　实 训 案 例

12.3.1　色子模型打印实训

对老师提供的色子 3D 模型(如图 12-15 所示)，自行设置填充方式和层高，打印一个不大于 20 × 20 × 20 的色子(可缩放)。

图 12-15　色子 3D 模型

实训步骤：

(1) 用三维设计软件(例如 Solidworks)绘制出一个 20 × 20 × 20 的立方体，在立方体的表面分别做出 1、2、3、4、5、6 个凹点，注意不要完全贯穿；

(2) 将绘制完的三维模型另存为 .STL 格式文件；

(3) 将生成的 .STL 文件拷贝至 UP BOX+3D 打印机相连接的电脑，打开 UP Studio 软件，导入色子模型；

(4) 利用模型调整按钮，根据实际情况调整模型的放置位置、方向，模型的缩放比例等参数，注意模型不要放大或缩小的比例过大，否则会造成打印不成功；

(5) 在打印设置栏中设置打印模型的层片厚度、填充方式、打印质量等参数并进行打印预览，生成预计打印时间和所需耗材重量；

(6) 经指导老师查验模型设计没有问题后，进行 3D 打印；

(7) 3D 打印完毕后，取出模型，去除底座和支撑，观察模型打印效果。

12.3.2　3D 打印组合体模型实训

用三维建模软件设计一款简单的组合体模型，如图 12-16 所示，并将其 3D 打印出来。

(1) 利用三维建模软件设计多个零件并进行装配。

(2) 将各零件三维模型导出 .STL 格式文件，进行 3D 打印。

(3) 将打印完的零件模型进行实体装配。

图 12-16　3D 打印组合体模型

第 13 章　工业机器人实训

 实训目的

- 了解工业机器人的安全操作规程。
- 巩固工业机器人的分类、组成、运动原理及特点。
- 掌握工业机器人的基本操作。
- 掌握工业机器人的编程语言与编程方法。

13.1　实　训　安　全

工业机器人利用多个电机实现末端工具在空间做多个自由度的轨迹运动。根据末端工具种类的不同，工业机器人可以实现搬运、焊接、喷涂、装配等多种功能。鉴于工业机器人在运动过程中速度快、惯量大等特点，从安全文明实训的角度出发，学生必须严格遵守以下安全操作规程。

13.1.1　示教和手动操作机器人安全操作规程

(1) 机器人的操作者必须按照规定进行严格的操作培训，熟练掌握机器人的使用安全知识及其功能。

(2) 操作机器人或进入机器人运行轨迹范围内时，必须穿戴好工作服、安全帽及安全鞋。

(3) 不要戴手套操作示教器，防止因误操作或操作不及时造成的危险事故。

(4) 要注意机器人的动作，不要背对机器人，以防未及时发现机器人的动作而发生事故。

(5) 点动操作机器人时应采用较低的速率，以增强对机器人的控制。

(6) 在按下示教器上的点动键之前须考虑机器人的运动趋势。

(7) 要预先考虑好避让机器人运动轨迹的路径，并确认该线路不受干涉。

(8) 发现异常时，应立即按下紧急停止按钮。排除异常之后，即使以低速再现方式作过确认，也不能让作业人员进入防护栅内，这是因为有可能出现其他突发情况，导致另一个意外事故的发生。

(9) 机器人周围区域必须清洁，无油、水及杂质等，否则有可能发生事故。

13.1.2　自动程序控制机器人安全操作规程

(1) 开机运行前，须知道机器人根据所编程序将要执行的全部任务。

(2) 掌握所有控制机器人移动的开关、传感器和控制装置的位置和状态。

(3) 必须清楚机器人控制器和外围控制设备上紧急停止按钮的位置，随时保持按下紧急停止按钮的姿势。

(4) 不要将机器人没有运动和程序已经全部执行完毕画等号，因为这时机器人很可能是在等待其继续运动的外部信号。

(5) 机器人处于自动模式时，不允许任何人员进入机器人动作范围内。

(6) 如果发生火灾，应使用二氧化碳灭火器进行灭火。

(7) 在不需要机器人运行时，应及时关闭伺服电源。

(8) 调试人员进入机器人工作范围内时，须随身携带示教器，以防止其他人员误操作。

(9) 得到停电通知时，要预先关断机器人的主电源及气源。

(10) 突然停电后，要在来电之前预先关闭机器人的主电源及气源，并及时取下夹具上的工件。

13.2　基 本 知 识 点

13.2.1　工业机器人的组成

工业机器人的组成主要包括四部分：机器人本体、机器人电控柜、示教器以及供电电缆(机器人本体与机器人电控柜之间的电缆)，如图 13-1 所示。

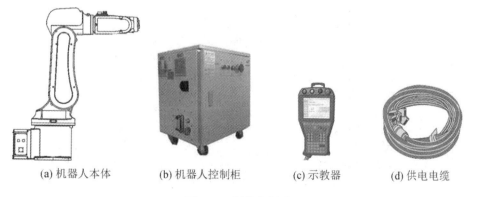

(a) 机器人本体　　　　(b) 机器人控制柜　　　(c) 示教器　　　(d) 供电电缆

图 13-1　机器人组成

图示机器人为六自由度关节型机器人，它拥有六个独立电机驱动六个关节进行旋转，以实现机器人末端六个自由度的运动。该机器人本体的结构及各关节运动方向如图 13-2 所示。

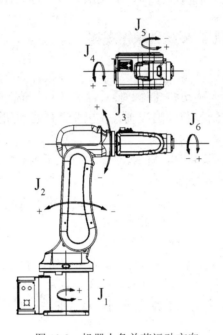

图 13-2　机器人各关节运动方向

13.2.2　工业机器人示教器操作

工业机器人的手持示教器如图 13-1(c)所示。该手持示教器由两部分组成：触屏显示界面与按键操作界面。

触屏显示界面由五个功能区组成，如图 13-3 所示，每个功能区负责的功能不同，详细介绍如表 13-1 所示。

图 13-3　触屏显示界面

表 13-1　示教器功能区介绍

序号	功能区名称	功　　能
1	主菜单区	每个菜单和子菜单都显示在主菜单区，通过按下示教器上"主菜单"键，或点击界面左下角的"主菜单"按钮，显示主菜单
2	菜单区	快速进入程序内容、工具管理功能等操作界面
3	状态显示区	显示机器人电控柜当前状态，显示的信息根据机器人的状态不同而不同
4	通用显示区	可对程序文件、设置等进行显示和编辑
5	人机交互区	进行错误和操作提示或报警； 实时显示机器人运动时各关节值和末端点的运动速度

　　按键操作界面由多种功能各异的按键组成，如图 13-4 所示，每个按键的功能各有不同，详细介绍如表 13-2 所示，其中序号 0 为示教器顶部的 4 个开关和"三段开关"，见图 13-1(c)。

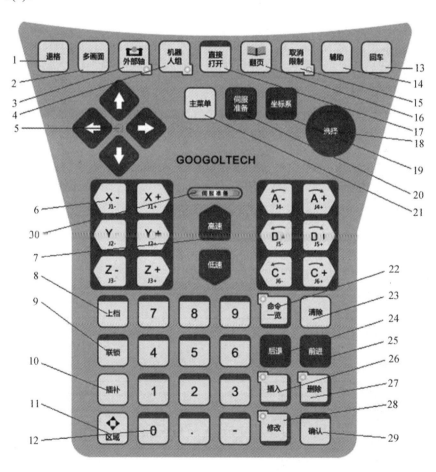

图 13-4　按键操作界面图

表 13-2　键位功能介绍

序号	按　键	功　　能
0		按下此急停键，伺服电源切断。切断伺服电源后，手持示教器的伺服准备指示灯熄灭，屏幕上显示急停信息。待故障排除后，打开急停键方可继续接通伺服电源。 打开急停键的方法：顺时针旋转至急停键弹起，伴随"咔"的声音，此时表示急停键已打开
		操作此旋钮选择回放模式、示教模式或远程模式。 示教(TEACH)：示教模式，可用手持操作示教器进行轴操作和编辑； 回放(PLAY)：回放模式，可对示教完的程序进行回放运行； 远程(REMOTE)：远程模式，可通过外部 TCP/IP 协议、IO 指令进行启动示教程序操作
		按下此按键，机器人开始回放运行；回放模式运行中，此指示灯亮起。 按下此键前必须把模式旋钮设定到回放模式，确保手持操作示教器伺服准备指示灯亮起
		按下此键，机器人暂停运行，此键在任何模式下均可使用。 示教模式下：此键被按下时灯亮，此时机器人不能进行轴操作； 回放模式下：此键按下一次后即可进入暂停模式，此时暂停指示灯亮起，机器人处于暂停状态； 按下手持操作示教器上的"启动"按钮，可使机器人继续工作
		按下此键，伺服电源接通。 操作前必须先把模式旋钮设定在示教模式，点击手持操作示教器上"伺服准备"键(伺服准备指示灯，处于闪烁状态)，轻轻握住三段开关，伺服电源接通(伺服准备指示灯处于常亮状态)。此时若用力握紧，则伺服电源切断。如果不按手持操作示教器上的"伺服准备"键，即使轻握三段开关，伺服电源也无法接通
1		输入字符时，删除最后一个字符
2		功能预留
3		按此键时，在焊接操作中可控制变位机的回转和倾斜。 当需要控制的轴数超过 6 时，按下此键(按钮右下角的指示灯亮起)，此时控制 1 轴即为控制 7 轴，2 轴即为 8 轴，以此类推
4		功能预留

续表一

序号	按　键	功　　能
5		按此键组中任一键时，光标朝箭头方向移动。 此键组必须在示教模式下使用。根据画面的不同，光标可移动的范围有所不同。 在子菜单和指令列表操作时，可打开下一级菜单和返回上一级菜单
6	X- X+ Y- Y+ Z- Z+ A- A+ B- B+ C- C+	对机器人各轴进行操作的键组。 此键组必须在示教模式下使用。可以同时按住两个或更多的键，操作多个轴。 机器人按照选定坐标系和手动速度运行，在进行轴操作前，务必要确认设定的坐标系和手动速度是否适当。 操作前需确认机器人手持操作示教器上的伺服准备指示灯亮起
7	高速 低速	手动操作时，机器人运行速度的设定键。 此键组必须在示教模式下使用。此时设定的速度在使用轴操作键和回零时有效。 手动速度有 8 个等级，微动 1%、微动 2%、低 5%、低 10%、中 25%、中 50%、高 75%、高 100%。按高速键由低到高；按低速键由高到低。被设定的速度在状态区域显示
8	上档	辅助键，与其他键同时使用。此键必须在示教模式下使用。 "上档"＋"联锁"＋"清除"退出机器人控制界面进入操作系统界面； "上档"＋"2"实现在程序内容界面下查看运动指令的位置信息，再次按下可退出指令查看功能； "上档"＋"4"实现机器人 YZ 平面自动平齐； "上档"＋"5"实现机器人 XZ 平面自动平齐； "上档"＋"6"实现机器人 XY 平面自动平齐； "上档"＋"9"实现机器人快速回零位； "上档"＋"翻页"实现在选择程序和程序内容界面返回上一页
9	联锁	辅助键，与其他键同时使用。此键必须在示教模式下使用。 "联锁"＋"前进"在程序内容界面下按示教的程序点轨迹进行连续检查；在位置型变量界面下实现位置型变量检查功能。 "上档"＋"联锁"＋"清除"退出程序
10	插补	机器人运动插补方式的切换键。此键必须在示教模式下使用。 所选定的插补方式种类在状态显示区显示。每按一次此键，插补方式做变化：MOVJ→MOVL→MOVC→MOVP→MOVS
11	区域	按下此键，选中区在"主菜单区"和"通用显示区"间切换。 此键必须在示教模式下使用

续表二

序号	按　键	功　　能
12		按数值键可输入键的数值和符号。 此键组必须在示教模式下使用，"."是小数点，"-"是减号或连字符 数值键也可作为用途键来使用
13	回车	在操作系统中，按下此键表示确认的作用，能够进入选择的文件夹或打开选定的文件
14	辅助	功能预留
15	取消限制	运动范围超出限制时，取消范围限制，使机器人继续运动。 此键必须在示教模式下使用 取消限制有效时，此键右下角的指示灯亮起，当运动至范围内时，灯自动熄灭。 若取消限制后仍存在报警信息，请在指示灯亮起的情况下按下"清除"键，待运动到范围限制内继续下一步操作
16	翻页	按下此键，实现在选择程序和程序内容界面中显示下一页的功能。 此键必须在示教模式下使用
17	直接打开	在程序内容页，直接打开可直接查看运动指令的示教点信息。 此键必须在示教模式下使用
18	选择	软件界面菜单操作时，可选中"主菜单""子菜单"；指令列表操作时，可选中指令。 此键必须在示教模式下使用
19	坐标系	手动操作时，机器人的动作坐标系选择键。此键必须在示教模式下使用。 可在关节、机器人、世界、工件、工具坐标系中切换选择。此键每按一次，坐标系按以下顺序变化：关节→机器人→世界→工具→工件 1→工件 2，被选中的坐标系显示在状态区域
20	伺服准备	按下此键，伺服电源有效接通。 由于急停等原因伺服电源被切断后，用此键有效接通伺服电源。 回放模式和远程模式时，按下此键后，伺服准备指示灯亮起，伺服电源被接通。 示教模式时，按下此键后，伺服准备指示灯闪烁，此时轻握手持操作示教器上三段开关，伺服准备指示灯亮起，表示伺服电源接通
21	主菜单	显示主菜单。 此键必须在示教模式下使用

序号	按　键	功　能
22	命令一览	按此键后显示可输入的指令列表。 此键必须在示教模式下使用,此键使用前必须先进入程序内容界面
23	清除	清除"人机交互信息"区域的报警信息。 此键必须在示教模式使用
24	后退	按住此键时,机器人按示教的程序点轨迹逆向运行。 此键必须在示教模式下使用
25	前进	伺服电源接通状态下,按住此键,机器人按示教的程序点轨迹单步运行。 此键必须在示教模式下使用。 同时按下"联锁"+"前进"时,机器人按示教的程序点轨迹连续运行
26	插入	按下此键,插入新程序点。此键必须在示教模式下使用。 按下此键,按键左上侧指示灯点亮起,按下"确认"键,插入完成,指示灯熄灭
27	删除	按下此键,删除已输入的程序点。此键必须在示教模式下使用。 按下此键,按键左上侧指示灯点亮起,按下"确认"键,删除完成,指示灯熄灭
28	修改	按下此键,修改示教的位置数据、指令参数等。此键必须在示教模式下使用。 按下此键,按键左上侧指示灯点亮起,按下"确认"键,修改完成,指示灯熄灭
29	确认	配合"插入""删除""修改"按键。此键必须在示教模式下使用。 当插入、删除、修改指示灯亮起时,按下此键完成插入、删除、修改等操作的确认
30	伺服准备	"伺服准备"按钮的指示灯。 在示教模式下,点击"伺服准备"按钮,此时指示灯会闪烁。轻握三段开关后,指示灯会亮起,表示伺服电源接通。 在回放和远程模式下,点击"伺服准备"按钮,此灯会亮起,表示伺服电源接通

13.2.3　工业机器人坐标系

工业机器人系统通常包括以下几个坐标系:关节坐标系(ACS)、机器人坐标系(KCS)、世界坐标系(WCS)、工具坐标系(TCS)和工件坐标系(PCS)。

1. 关节坐标系

关节坐标系(Axis Coordinate System,ACS)是以各轴机械零点为原点所建立的纯旋转的坐标系。机器人的各个关节可以独立旋转，也可以一起联动。

2. 机器人坐标系

机器人坐标系(Kinematic Coordinate System，KCS)，如图 13-5 所示。机器人坐标系是用来对机器人进行正逆向运动学建模的坐标系。它是机器人的基础笛卡尔坐标系，也可以称为机器人基础坐标系(Base Coordinate System，BCS)或运动学坐标系。机器人工具末端在该坐标系下可以沿坐标系 X 轴、Y 轴、Z 轴进行移动，也可以绕坐标系 X 轴、Y 轴、Z 轴进行旋转。

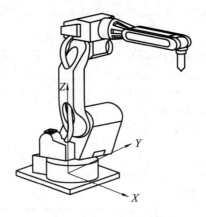

图 13-5　机器人坐标系

3. 世界坐标系

世界坐标系(World Coordinate System，WCS)，如图 13-6 所示。世界坐标系也是空间笛卡尔坐标系。机器人坐标系(KCS)和工件坐标系(PCS)的建立都是参照世界坐标系(WCS)建立的。在默认情况下，世界坐标系与机器人坐标系之间没有位置的偏置和姿态的变换，所以世界坐标系(WCS)和机器人坐标系(KCS)重合。机器人工具末端在世界坐标系下可以沿坐标系的 X 轴、Y 轴、Z 轴进行移动，也可以绕坐标系的 X 轴、Y 轴、Z 轴进行旋转。

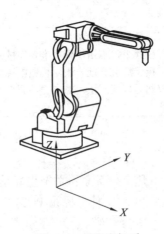

图 13-6　世界坐标系

4. 工具坐标系

工具坐标系(Tool Coordinate System，TCS)，如图 13-7 所示。工具坐标系把机器人腕部法兰盘所持工具的有效方向作为 Z 轴，并把工具坐标系的原点定义在工具的尖端点或中心点(TCP，tool center point)。当机器人没有安装工具的时候，工具坐标系建立在机器人法兰盘端面中心点上，Z 轴方向垂直于法兰盘端面指向前方。当机器人运动时，随着工具尖端点(TCP)的运动，工具坐标系也随之运动。用户可以选择在工具坐标系(TCS)下进行示教运动，包括沿工具坐标系 X 轴、Y 轴、Z 轴的移动运动，以及绕工具坐标系 X 轴、Y 轴、Z 轴的旋转运动。

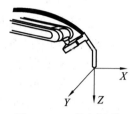

图 13-7　工具坐标系

5. 工件坐标系 PCS

工件坐标系(Piccc Coordinate System，PCS)，如图 13-8 所示。工件坐标系是建立在世界坐标系下的一个笛卡尔坐标系。主要是方便用户在一个应用中切换世界坐标系(WCS)下的多个相同的工件。另外，建立示教工件坐标系后，有助于机器人工具尖端点(TCP)在工件坐标系下作移动运动和旋转运动，大大降低了示教工作的难度。

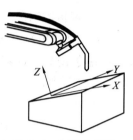

图 13-8　工件坐标系

13.2.4　工业机器人编程语言

根据功能的不同，机器人编程语言可分为以下几大类指令：运动指令、逻辑控制指令、IO 指令及其他辅助指令等。

1. 运动指令

(1) 关节插补指令 MOVJ。

指令形式：MOVJ P=<位置点> V=<运行速度百分比> BL=<过渡段长度>VBL=<过渡段速度>

功能说明：用关节插补的方式移动至目标位置。

(2) 直线插补指令 MOVL。

指令形式：MOVL P=<位置点> V=<运行速度百分比> BL=<过渡段长度>VBL=<过渡段速度>

功能说明：用直线插补的方式移动至目标位置。

(3) 圆弧插补指令 MOVC。

指令形式：MOVC P=<位置点> V=<运行速度百分比> BL=<过渡段长度>VBL=<过渡段速度>

功能说明：用圆弧插补的方式移动至中间位置、目标位置。

(4) 不规则圆弧插补指令 MOVS。

指令形式：MOVS P=<位置点> V=<运行速度百分比> BL=<过渡段长度>VBL=<过渡段速度>

功能说明：用不规则圆弧插补的方式移动至目标位置。

参数说明：

<位置点>，P 的取值范围为 1～1019，其中 1～999 用于标定位置点，1000～1019 用于在码垛运动中自动获取的码垛位置点。

<运行速度百分比>，运行速度百分比取值为 1～100，默认值为 25。

<过渡段长度>，过渡段长度，单位 mm。此长度不能超出运行总长度的一半，如果 BL=0 则表示，不使用过渡段。

<过渡段速度>，MOVL、MOVC、MOVS 指令中设置过渡段的速度。取值范围为 0～100，取值为 0 表示不设置过渡段速度。

2. 逻辑控制指令

(1) 跳转指令 JUMP。

指令形式：JUMP L=<行号>

功能说明：跳转到某一行。

参数说明：<行号>，取值为小于 JUMP 所在行的行号。

(2) 调用子程序指令 CALL。

指令形式：CALL PROG=<程序名称>

功能说明：调用子程序。

参数说明：<程序名>，已经存在的程序文件的程序名称，不允许递归循环调用。

(3) 延时指令 TIMER。

指令形式：TIMER T =<时间>

功能说明：延时设定时间。

参数说明：<时间>，范围为 0～4294957295 ms。

(4) 判断指令 IF…ELSE…。

指令形式：IF I =<变量号>　<条件>　I=<变量号> THEN
　　　　　程序 1
　　　　　ELSE
　　　　　程序 2
　　　　　END_IF

功能说明：如果判断要素 1 与判断要素 2 相等执行程序 1，否则执行程序 2。

参数说明：

<变量号>，取值为 1～96。I 为整型变量(或 B 为布尔型变量，R 为实型变量)。

<条件>，判断条件可选，EQ(等于)、LT(小于)、LE(小于等于)、GE(大于)、GT(大于等于)、NE(不等于)。

(5) 循环指令 WHILE。

指令形式：WHILE I = <变量号>　<条件>　I =<变量号> DO
　　　　　程序
　　　　　END_WHILE

功能说明：当判断要素 1 等于判断要素 2 时，执行程序，否则退出循环。

参数说明：

<变量号>，取值为 1～96。I 为整型变量(或 B 为布尔型变量，R 为实型变量)。

<条件>，判断条件可选，EQ(等于)、LT(小于)、LE(小于等于)、GE(大于)、GT(大于等于)、NE(不等于)。

3. IO 指令

(1) 输出点复位置位指令 DOUT。

指令形式：DOUT　DO = <IO 位> VALUE = <位值>

功能描述：IO 输出指令。

参数说明：

<IO 位>，表示第几个 DO 通道。

<位值>，取 0 或 1。

(2) IO 输入指令 WAIT。

指令形式：WAIT DI = <IO 位> VALUE =<位值>

功能描述：等待 IO 输入信号指令。

参数说明：

<IO 位>，表示第几个 DI 通道。

<位值>，取 0 或 1。

13.2.5　工业机器人示教操作

示教编程模式的基础是示教，即所有的编程逻辑是在示教的基础上展开的。根据现场情况，示教位置，再相对于该示教点规划逻辑运动编写程序，从而可以快速地实现一个功能，而无需复杂的环境模型。因此，掌握机器人位置示教功能，是示教编程模式不可或缺的步骤。具体的位置示教步骤如下：

(1) 通过示教器"上移""下移"键以及"右移"键选出位置型变量界面，如图 13-9 所示。

图 13-9　位置变量界面

(2) 按下示教器"选择"键，出现图 13-10 所示的界面。

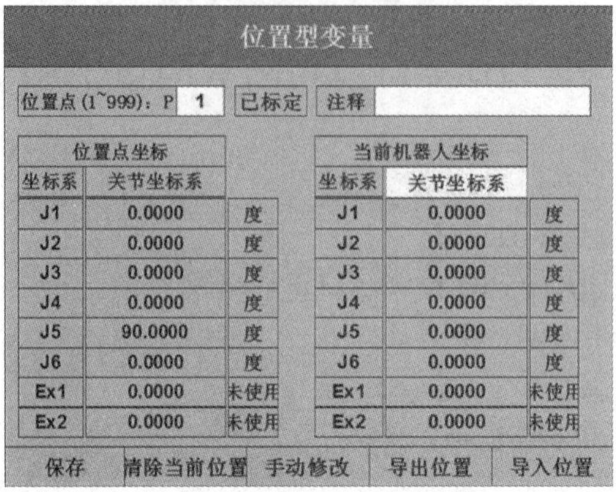

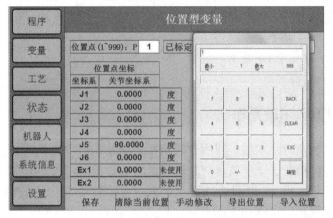

图 13-10　位置变量示教界面

(3) 点击位置点右侧输入框，输入想要保存的位置 ID 号，如图 13-11 所示。

图 13-11　位置变量 ID 选择界面

(4) 点击坐标系右侧选择框，选择需要保存的坐标系，每个位置点都具有唯一性，即每个位置点只能保存在一种坐标系下，如图 13-12 所示。

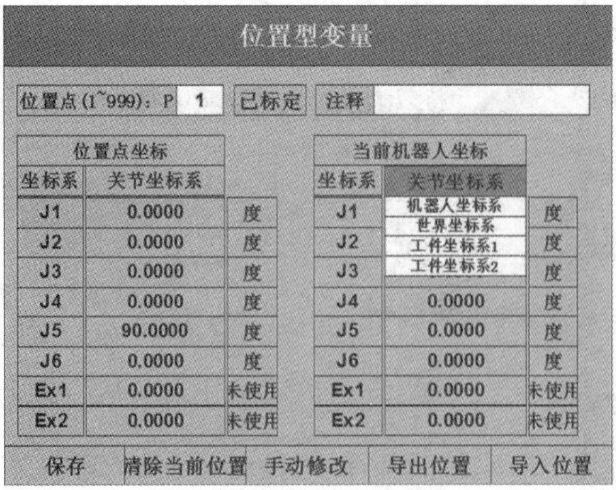

图 13-12　位置变量坐标系选择界面

（5）按下示教器上的"示教准备"键，此时示教器伺服准备指示灯闪烁。

（6）轻握示教器背面的三段开关，此时示教器伺服准备指示灯亮起。

（7）移动机器人到想要示教的位置，按下"保存"按钮，位置点右侧的"未标定"变化为"已标定"，证明示教成功。

13.3　实　训　案　例

13.3.1　手动操作——工具坐标系标定

1. 手动上电

（1）开机，旋转模式旋钮至"示教"模式，如图 13-13 所示。

（2）按下"伺服准备"按钮，轻握示教器"三段开关"，如图 13-14 所示。机器人伺服上电。

图 13-13　模式旋钮

图 13-14　三段开关

2. 激活相应坐标系

通过"坐标系"按钮，切换机器人当前坐标系为所需的坐标系，如关节坐标系、直角坐标系、工具坐标系、世界坐标系、工件 1 坐标系或工件 2 坐标系。

3. 手动操作机器人

（1）通过"高速""低速"按钮设置合适的手动操作机器人速度倍率。

（2）如图 13-15 所示，通过示教器上的"X-""X+""Y-""Y+""Z-""Z+""A-""A+""B-""B+""C-""C+"按键操作机器人运动，时刻观察机器人的位置。

 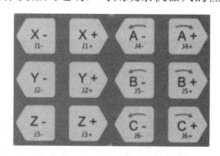

图 13-15　手动操作按键

4. 通过"四点法"进行标定

（1）点击"机器人"→"工具管理"进入标定界面，如图 13-16 所示。

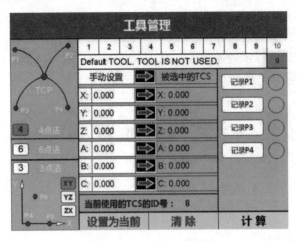

图 13-16　工具标定界面

(2) 选择上方 1～10 索引按钮，确定将要标定的工具坐标系序号。本例选择 7 号坐标系，选择四点法示教模式，如图 13-17 所示。

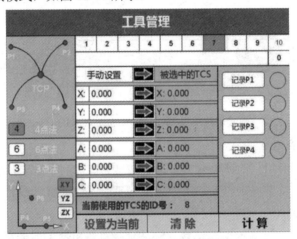

图 13-17　选择完成后的工具标定界面

(3) 参照手动操作机器人步骤，将待测工具的 TCP 点从第一个方向靠近固定参照物顶点。在伺服电源接通的情况下，保持按下"记录 P1"按钮 2 s，按钮旁边指示灯由灰色变为绿色，完成第一个位置点记录，如图 13-18 所示。

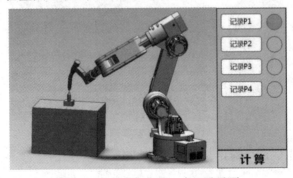

图 13-18　工具标定第一点记录界面

(4) 同理，将待测工具的 TCP 点从第二个方向靠近固定参照物顶点，在伺服电源接通的情况下，保持按下"记录 P2"按钮 2 s，按钮旁边指示灯由灰色变为绿色，完成第二个位置点记录，如图 13-19 所示。

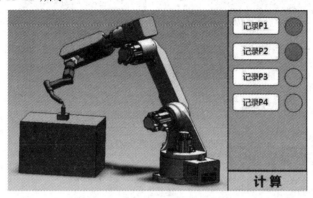

图 13-19　工具标定第二点记录界面

(5) 同理，将待测工具的 TCP 点从第三个方向靠近固定参照物顶点，在伺服电源接通的情况下，保持按下"记录 P3"按钮 2 s，按钮旁边指示灯由灰色变为绿色，完成第三个位置点记录，如图 13-20 所示。

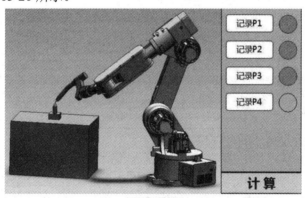

图 13-20　工具标定第三点记录界面

(6) 同理，将待测工具的 TCP 点从第四个方向靠近固定参照物顶点，在伺服电源接通的情况下，保持按下"记录 P4"按钮 2 s，按钮旁边指示灯由灰色变为绿色，完成第四个位置点记录，如图 13-21 所示。

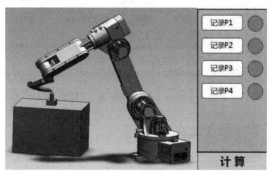

图 13-21　工具标定第四点记录界面

(7) 四个位置点记录完成，点击"计算"按钮，自动计算 TCP 位置点数据并显示计算结果，完成工具坐标系标定，如图 13-22 所示。

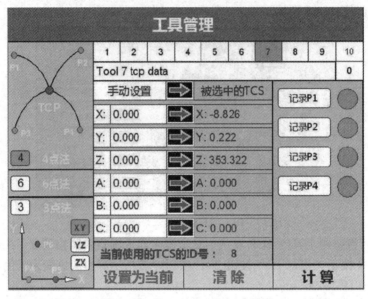

图 13-22 工具标定完成界面

(8) 点击"设置为当前"按钮，将新计算的 TCP 工具坐标系作为法兰末端工具坐标系，如图 13-23 所示。

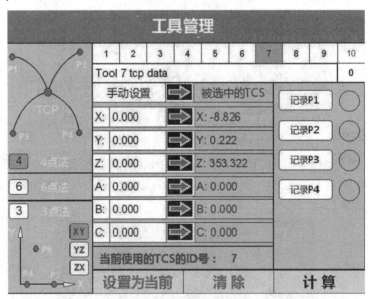

图 13-23 工具切换完成界面

13.3.2 自动运行——机器人换纱

1. 案例分析

该案例实现的主要功能是机器人给纺织机上纱，如图 13-24 所示。通过分析，实现该功能主要有以下几个步骤：

(1) 机器人手爪到达机器人准备位置或过渡位置 1。

(2) 机器人手爪到达纱线上方 100 mm 的位置 2，以便手爪抓取纱线。

(3) 机器人手爪到达纱线抓取位置 3，打开夹爪，夹住纱线。

(4) 机器人手爪抓取纱线后，送到纱线上方 100 mm 的位置 2，保证纱线脱离固定装置并转运。

(5) 机器人携带纱线到达过渡位置 1，准备上纱。

(6) 机器人将纱线运送到上纱位置上方 100 mm 的位置 4，以便纱线放入。

(7) 机器人将纱线运送到上纱固定器的位置 5，松开夹爪，将纱线放置在固定器上。

(8) 机器人手爪移动到上纱位置上方 100 mm 的位置 4，离开放置好的纱线。

(9) 机器人手爪回到初始等待位，完成上纱操作。

图 13-24　机器人运动点位图

2. 示教点位

(1) 依次点击"主菜单"→"变量"→"位置型"，打开位置型变量示教界面如图 13-25 所示。

图 13-25　位置示教界面

(2) 手动移动机器人到如图 13-26(a)所示的位置。

(3) "位置点"选择 99，"当前坐标系"选择关节坐标系，点击"导入位置"，示教当前位置为 99 号位置，如图 13-26(b)所示。

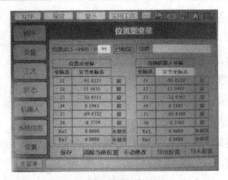

(a) 机器人示教位置　　　　　　　　　　　　　　　(b) 示教界面

图 13-26　示教第一点操作

(4) 手动移动机器人到如图 13-27(a)所示的位置。

(5) "位置点"选择 100，"当前坐标系"选择机器人坐标系，点击"导入位置"，示教当前位置为 100 号位置，如图 13-27(b)所示。

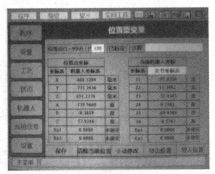

(a) 机器人示教位置　　　　　　　　　　　　　　　(b) 示教界面

图 13-27　示教第二点操作

(6) 手动移动机器人到如图 13-28(a)所示的位置。

(7) "位置点"选择 101，"当前坐标系"选择机器人坐标系，点击"导入位置"，示教当前位置为 101 号位置，如图 13-28(b)所示。

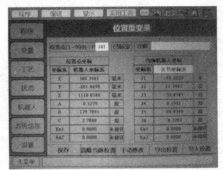

(a) 机器人示教位置　　　　　　　　　　　　　　　(b) 示教界面

图 13-28　示教第三点操作

(8) 手动移动机器人到如图 13-29(a)所示的位置。

(9) "位置点"选择 102，"当前坐标系"选择机器人坐标系，点击"导入位置"，示教当前位置为 102 号位置，如图 13-29(b)所示。

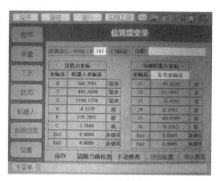

(a) 机器人示教位置　　　　　　　　　　　　　　　　(b) 示教界面

图 13-29　示教第四点操作

(10) 手动移动机器人到如图 13-30(a)所示的位置。

(11)"位置点"选择 103，"当前坐标系"选择机器人坐标系，点击"导入位置"，示教当前位置为 103 号位置，如图 13-30(b)所示。

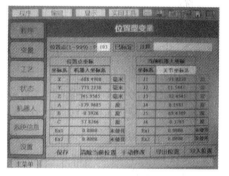

(a) 机器人示教位置　　　　　　　　　　　　　　　　(b) 示教界面

图 13-30　示教第五点操作

3. 程序编写

(1) 点击"主菜单"→"程序"→"程序管理"，打开程序管理界面，如图 13-31 所示。

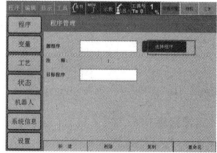

图 13-31　程序管理界面

(2) 点击"目标程序"输入框，输入程序名称，点击"新建"，完成程序建立，进入程序编辑界面，如图 13-32 所示。

图 13-32　程序建立完成界面

(3) 在程序编辑界面，通过点击"命令一览"按键，选择【移动 1】子列表，选择 MOVJ 或者 MOVL 指令，并根据机器人的先后动作修改指令参数，选择"插入"键，按下"确认"，插入指令。

(4) 指令内容如下：

　　MOVJ P=99 V=20 BL=0 VBL = 0
　　MOVL P=103 V=20 BL=0 VBL = 0
　　MOVL P=100 V=20 BL=0 VBL = 0
　　MOVL P=103 V=20 BL=0 VBL = 0
　　MOVJ P=99 V=20 BL=0 VBL = 0
　　MOVL P=102 V=20 BL=0 VBL = 0
　　MOVL P=101 V=20 BL=0 VBL = 0
　　MOVL P=102 V=20 BL=0 VBL = 0
　　MOVJ P=99 V=20 BL=0 VBL = 0

(5) 完成程序的编写，如图 13-33 所示。

图 13-33　程序编写内容

4. 运行程序

(1) 把程序光标移动到程序第一行(0001)，一直按下手持操作示教器上的"前进"键，机器人会执行选中行指令(本程序点未执行完前，松开则停止运动，按下继续运动)，通过机器人的动作确认各程序点是否正确。执行完一行后松开再次按下"前进"键，机器人开始执行下一个程序点。

(2) 所有程序点确认完成后，把光标移到程序起始处。按下"联锁"+"前进"键，机器人连续回放所有程序点，一个循环后停止运行。

(3) 把手持操作示教器上的模式旋钮设定在"回放"键，成为回放模式。检查程序左上角状态显示图标为"自动"。

(4) 按下手持操作示教器上"伺服准备"键，接通伺服电源。

(5) 按下手持操作示教器上的"启动"键，机器人把示教过的程序运行一个循环后停止。

第 14 章　纺织智能制造综合实训

 实训目的

- 了解纺织智能制造技术。
- 了解纺织智能制造的安全操作守则及实训要求。
- 掌握人体扫描仪、电脑横机、自动熨烫机等设备的工作原理。
- 通过案例掌握针织智能制造的工艺过程及设备的操作规程。

14.1　实 训 安 全

　　智能制造是基于新一代信息通信技术与先进制造技术的深度融合,贯穿于设计、生产、管理、服务等制造活动的各个环节,具有自感知、自学习、自决策、自执行、自适应等功能的新型生产方式。智能制造的本质就是利用物联网、大数据、人工智能等先进技术,构建制造系统的整体联系,并控制和驾驭系统中的不确定性、非结构化和非固定模式问题以实现更高效、更灵活的制造。

　　纺织产业的智能制造不仅包括以计算机数字控制为代表的数字化技术贯穿产品全生命周期,而且要重点突破实现泛在感知和互联条件下的网络化制造(互联网+制造),并在此基础上继续补充和完善,直接利用互联网、大数据、人工智能等最新技术,走数字化网络化智能化制造(即新一代智能制造)的发展新路。

　　本章节实训依托纺织智能综合实训平台。该平台集成人体三维扫描、AGV 系统、工业机器人、电脑横机织造、自动熨烫、成品输送及码垛等功能的智能生产线,并融入 RFID 设备管理与综合应用系统、视频监控系统、智能管控等管理系统。根据人体扫描仪、电脑横机及熨烫设备的特点,从安全文明实训的角度出发,学生在参加实训时必须严格遵守以下事项。

14.1.1　人体扫描仪安全操作守则

　　(1) 严禁在未熟悉使用步骤的情况下,触摸各按钮开关。

　　(2) 要认真听指导老师的讲解,掌握操作流程,操作时按照规定步骤进行。

　　(3) 开机前,仔细检查各插头,以免在测量过程中导致数据丢失。

　　(4) 开机后,各系统参数不得随意修改,不得随意删除系统文件。

　　(5) 不能用手触摸镜头,以免灰尘进入或损坏镜头。

(6) 系统出现异常时应及时向指导老师反映，不得擅自处理。

(7) 实训结束后，关闭设备，切断电源，整理数据线。

14.1.2　针织电脑横机安全操作守则

(1) 了解设备各部件的名称与功能。女生在操作前必须束起头发，以保证操作安全，防止意外。同时，操作设备时不允许佩戴项链及手镯。

(2) 禁止移除机台上的安全防护设备及装置，如前后安全盖、探针装置、红外线装置等所有感应器。

(3) 使用前首先做好设备清洁工作，清洁前必须关闭电源以防发生危险。再将机台织针、沉降片、纱嘴、纱嘴导轨、机头外围、毛纱、纱座、张力装置线架上的灰尘，飞毛等清理干净。

(4) 清洁完毕，检查针器各部件是否复位，针床之间是否有异物，以免开机后对机台造成损伤。

(5) 穿纱线必须在停机状态下操作，并按下紧急停止开关，以防止不小心碰到启动操作杆，误开机发生事故。

(6) 开机前，必须关闭前后安全盖。操作夹子或剪刀装置时必须使用手动操作功能，手、脸、宽松衣物和其他物品要远离该装置。

(7) 机器运转时，操作人员不得离开机台。如机器运转异常，要及时按下急停开关并联系指导老师，不得继续运作，以免造成设备元件的损坏。

(8) 设备使用完毕后需再次进行清洁，加油保养，关闭好前后安全门，关闭电源拔下插头。

14.1.3　整烫设备安全操作守则

(1) 开烫前做好准备工作，检查冷却水蓄水量，蒸汽管有无折断或老化现象，电源连接是否正确。

(2) 操作时应注意气阀压力表的压力，以防自动控制阀失灵而发生意外事故。

(3) 若在整烫中蒸汽管发生断裂，应先关闭蒸汽发生器的电源，及时排出蒸汽以降压。

(4) 根据面料纤维性质选定合适的加热温度。

(5) 手按控制阀或触摸开关，确保蒸汽由底板孔喷向物件，避免烫坏衣物。

(6) 经常检查蒸汽发生器温度情况。

(7) 注意水位监测系统，当水位低于临界水位时设备会自动切断电源。

(8) 实训结束后打开发生器排水阀，排除水垢，及时切断电源，关掉气阀，清理保养机器。

14.1.4　纺织智能制造综合实训要求

(1) 进入纺织智能制造综合实训中心须服从指导老师的安排。按编定位置进行实习，不得大声喧哗、随意走动，不得做与实训无关的事情。

(2) 指导老师讲解时要专心听讲；老师进行示范操作时要认真观察，不得拥挤、大声喧哗。

(3) 按照实训要求，完成实训任务，提高操作技能。

(4) 爱护公物、保持卫生。正确使用工具，不能用工具敲打工作台、设备、门窗、墙壁等设施。

(5) 保持工作台、地面、门窗、墙壁的清洁，不随地吐痰乱扔垃圾。

(6) 每天实训结束离前必须收拾整理好工具、工件、材料等实习设备，清理干净工作台和周边环境，管理好易燃易爆物品。

(7) 实训结束彻底打扫室内外卫生，断开电源、关闭门窗，确保实习场所安全。

14.2　基 本 知 识 点

14.2.1　人体扫描仪工作原理

人体三维扫描仪，也叫 3D 人体扫描仪(Human body 3D scanner)，是利用光学测量技术、计算机技术、图像处理技术、数字信号处理技术等进行三维人体表面轮廓的非接触自动测量的设备。人体全身(半身)扫描系统充分利用光学三维扫描的快速以及白光对人体无害的优点，在 3～5 秒内对人体全身或半身进行多角度多方位的瞬间扫描。人体全身(半身)扫描系统通过计算机对多台光学三维扫描仪进行联动控制快速扫描，再通过计算机软件实现自动拼接，获得精确完整的人体数据，实现快速扫描的功能。

1. 技术原理

人体三维扫描仪是一种集光学、机械传动、电子控制、计算机工程、数据处理运算于一体的高效率、高精度的光学测量仪器。基于非接触式光学三角测量技术，采用多个安全光源，多个镜头和多个传感器同步工作，可快速、精确、无死角、无接触地完成几十项人体关键尺寸的自动测量，自动根据测量方案输出人体测量数据。

2. 人体扫描仪的应用

人体三维扫描系统广泛应用于服装、动画、人机工程以及医学等领域，是发展人体(人脸)模式识别，特种服装设计(如航空航天服、潜水服)，人体特殊装备(人体假肢、个性化武器装备)，以及开展人机工程研究的理想工具。为建立人体尺寸标准、生理解剖、人机工程学、专业人群选材(运动员、特种部队、艺术专业)、服装设计、科研单位和院校的人体数据采集及自动处理提供全面的解决方案。人体三维扫描仪的应用如图 14-1 所示。

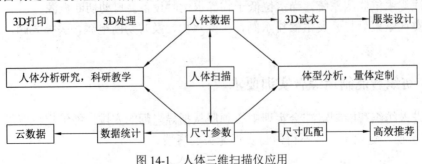

图 14-1　人体三维扫描仪应用

1) 3D 量体裁衣、试衣与服装设计

根据人体三维扫描仪自动生成的人体三维数字模型，将采集获取的三维数字模型经过数据格式的转换，导入专业的 CAD 服装制版、CAM 服装服饰设计系统，如图 14-2、图 14-3 所示。通过相关软件程序自动提取人体各部位的尺寸，进行模拟裁剪，颜色搭配，体型高低、宽窄度调整，以及服装样式的特色设计，之后导入二维 CAD 制版软件中进行服装打版，可大大减轻设计师的手工劳动，对设计师的专业水平要求也可相对降低。同时人体三维模型尺寸数据与服装设计的信息存储在计算机内，可随时调用，便于管理，信息还可以通过网络进行跨行业地区的无限传输。

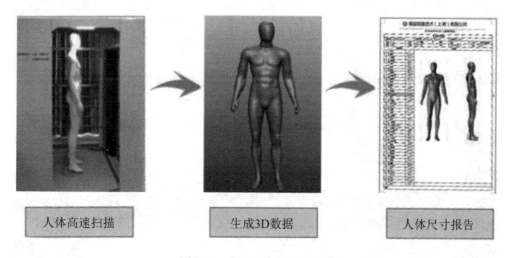

图 14-2　人体三维扫描模型图

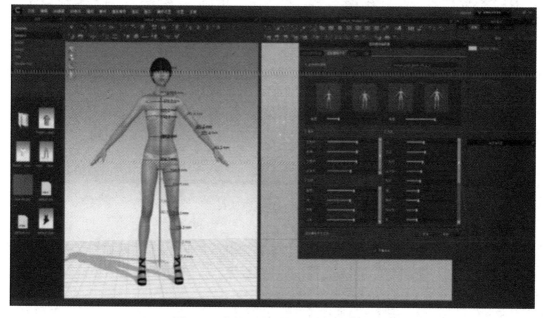

图 14-3　人体三维扫描的服装制版应用

还可以将人体模型与服装设计信息导入网络云试衣、3D 虚拟试衣软件系统中，通过红外感应技术捕捉人体的轮廓和手势控制技术进行触点选择，根据人体数据模型身材的大小将衣服贴合地"穿"在身上，让顾客们在网络购物、逛商店的同时体验互动，通过 3D 虚拟试衣线上可以完成衣服的试穿和选择，如图 14-4 所示。

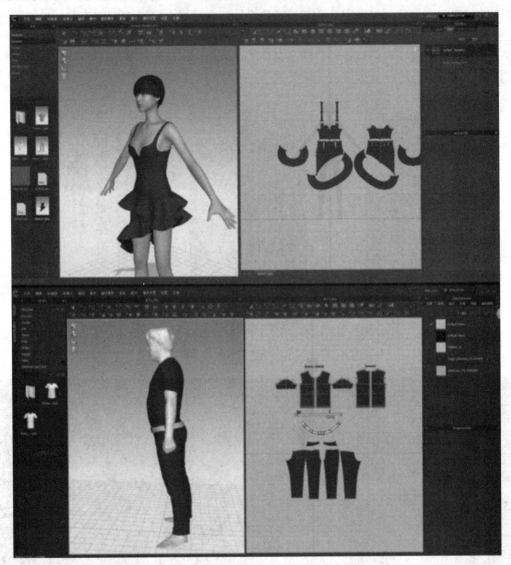

图 14-4　3D 虚拟试衣

2) 人机工程研究

将人体三维扫描仪扫描采集的人体三维数据调用至专业的人体三维研究系统，通过软件进行模拟实验、姿态调整、形态分析、受力分析等，从而制造出符合人体特征的人性化产品。

在汽车制造行业，研究人员通过对三维人体和汽车座椅在不同情况和受力下的研究，从而设计出安全、舒适、灵活、人性化的座椅，如图 14-5 所示。航空业用人体三维数据，为宇航员定制合体舒适的宇航服。

(a) 姿态调整分析　　　　　　　　　(b) 模拟分析研究

图 14-5　3D 人机工程应用于座椅的设计

14.2.2　电脑横机结构及工作原理

电脑横机是一种典型的机电一体化产品，集多种学科于一体，如机械、计算机技术、针织工艺、电机控制、自动控制等，具有非常高的技术含量。电脑横机从 20 世纪 70 年代问世至今，已经发展得非常完善，而且在针织物的生产制造中已经被广泛应用。

电脑横机是一种全自动编织羊毛衫等衣物的机器，采用横向运动的方式进行编织。横机适用范围广，能编织多种材质的毛绒线；能编织多种类型的织物，包括围巾、帽子、羊毛衫、羊毛裤等服装与配饰。

1. 电脑横机的结构

电脑横机作为一种先进、自动化程度高的编织机械，在针织行业应用越来越广泛。根据行业的需求，电脑横机一直在向全自动、精确、功能齐全等方面发展。目前的电脑横机一般由机头、织针系统、牵拉机构、传动部分、送纱机构等几大部分组成。

电脑横机结构如图 14-6 所示，1 为车台，主要用来安装横机的其他部件。2 为机头，是电脑横机最核心的部分，里面包含三角机构，三角机构控制着机器的编织。目前国产横机与国外先进横机技术差距最大的地方，就在机头部分。机头安装在天杠 3 上。4 为天线台，天线台主要用于控制编织的纱线。5 为置纱板，主要用于放置纱筒。6 为针板，用于安装织针，针板的长度根据安装的织针数量不同来调整。7 为纱嘴，用来调整纱线的状态，积极送纱器 8 与纱嘴配合作用。9 为警示灯，当纱线断了或者出现故障时，警示灯亮起，报警器鸣响。10 为侧纱张力器，由于不同的织物所需要的密度不同，编织时的张力就不一样，侧纱张力器的主要作用就是调节纱线的张力。11 为侧盖，主要起防尘和保护的作用。当编织程序出错或者机器有重大故障时，可以按下急停开关 12。13 为工具箱，14 为操作杆，通过旋转操作杆来调节机头的运行速度，从而控制编织速度。15 为起底板，在编织准备前给织物一个拉力，使衣片起底快速，节省纱线，也能够单独地一片一片地分开编织。16 为触摸笔，用于在操作面板的输入操作。17 为操作面板，用于机器参数、编织参数、工作参数等设置和机器运行状况显示。18 为电气箱，放置电机及各类控制器。

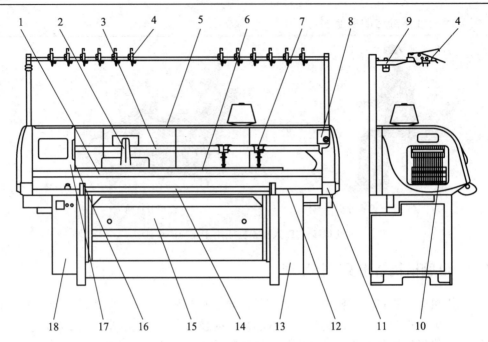

1—车台；2—机头；3—天杠；4—天线台；5—置纱板；6—针板；7—纱嘴；8—积极送纱器；
9—警示灯；10—侧纱张力器；11—侧盖；12—急停开关；13—工具箱；14—操作杆；
15—起底板；16—触摸笔；17—操作面板；18—电气箱。

图 14-6　电脑横机的机构图

2. 电脑横机主要机构的工作原理

1) 机头

电脑横机主要由机头、机身、操作杆、针板、罗拉等部件组成。其中机头是电脑横机最主要、最复杂的部件，是电脑横机的主要执行机构，它可以沿针板移动到任何所需的位置。电脑横机的大多数执行部件都分布在机头上面，主要包括选针器、三角电磁铁、步进电机、纱嘴电磁铁等。机头通过选针器来完成选针；通过三角电磁铁控制织针系统的运行高度，进而驱动舌针完成编织动作；通过步进电机控制所编织物的密度；通过纱嘴电磁铁控制纱嘴的工作时间以及停靠位置。当电脑横机进行编织工作时，机头受主伺服机构的控制在针床上作往复运动，此时导纱器也带动纱嘴随之进行往复运动。电脑横机机头实物图如图 14-7 所示。

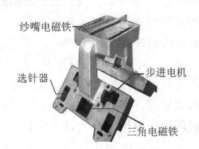
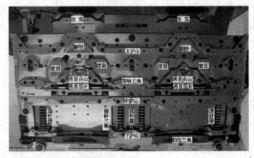

图 14-7　电脑横机机头实物图

在电脑横机上编织织物是一个非常复杂的过程，必须通过机头、导纱器、接针压板、选针器等结构相互协调才能顺利完成编织任务。电脑横机在执行编织任务时，机头需要沿针板横向移动到所需的位置，然后按照成衣编织工艺要求来完成选针、选纱、压脚、密度控制等动作。织物的编织质量与机头的定位精度密切相关，机头运行的精确程度几乎决定了电脑横机编织物的质量。

电脑横机机头的三角机构非常重要，是电脑横机执行编织的核心机构。它的主要功能是完成选针工作、配合织针完成编织、调节织物密度等。三角机构的设计优劣直接影响织物的质量和电脑横机的编织工艺，三角机构的结构如图 14-8 所示。

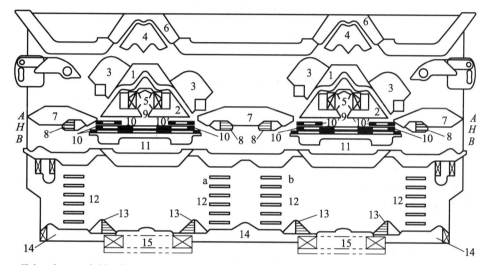

1—导向三角；2—起针三角；3—弯纱三角；4—移圈三角；5—接圈三角；6—移圈导向三角；7—选针导片复位三角；8—选针导片归位三角；9—集圈控制压块；10—接圈控制压块；10'—半弯纱控制块；11—退出工作控制压块；12—选针器；13—选针片起针三角；14—选针片半起针三角；15—选针片重置三角。

图 14-8　横机三角机构的结构示意图

2) 织针系统

织针和选针部件在针床上的截面排列如图 14-9 所示，织针 1、挺针片 2、弹簧针脚 3、选针片 4 以及沉降片 5 与三角机构以及选针机构相互配合，使织针在三角系统的作用下沿着针槽上下运动来完成编织动作。针槽由镶嵌的若干个钢片排列形成，织针 1 在针槽中滑动，其底部有一个卡槽，挺针片 2 头部和织针 1 尾部缺口通过卡槽嵌套，从而形成一个整体，通过挺针片 2 来带动织针 1 完成编织。挺针片有两个片踵：移圈片踵和集圈片踵，其主要作用是当机头的挺针片在三角机构的轨道内运动时，推动挺针片上下升降。挺针片 2 具有一定的弹性，当受到外力时，针踵压入针槽中，不能与机头的三角发生作用，从而使织针 1 处于不工作状态；当撤去外力时，针踵不受力由针槽内弹出，织针 1 重新进入工作，并通过若干个三角共同作用，推动织针 1 上升或者下降，完成编织工作。弹簧针脚 3 位于挺针片 2 的上方，其片踵受到机头三角机构中集圈、接圈压片等控制。弹簧针脚下部的限位槽可以根据编织要求将弹簧针脚固定于 A、B、H 三个位置，实现在同一横列中完成各种不同编织。选针片 4 位于弹簧针脚 3 上部，除了固定的上下三个片齿外，选针片 4 还带有八个等距排列的片齿，且每片选针片只保留一种高度的选针齿，与选针器对应，主要是为了方便选针器选针。沉降片 5 处于两枚织针之间，有利于编织过程中进行闭口、弯纱、成圈以及牵拉工作。

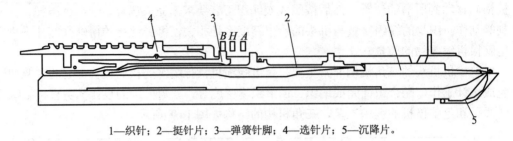

1—织针；2—挺针片；3—弹簧针脚；4—选针片；5—沉降片。

图 14-9　织针系统示意图

3) 牵拉机构

牵拉机构有两方面的作用：一是辅助线圈完成编织动作；二是编织阶段完成后，将织物从针床隙口引出；后者是牵拉机构的主要作用。电脑横机上的牵拉机构采用了起底板与高位皮罗拉相互配合的装置，为优质编织织物的高效率生产提供了保障。起底板又称牵拉梳，其最大的特征是在毛衫起口时，缩短了洞口到主罗拉之间织物的长度，节省了废纱的用量。毛衫起口过程中，在起底板上升到起口线之前主罗拉首先处于打开位置，当复合针伸出挂住起口编织好的线圈，下降到主罗拉位置时，处于打开状态的主罗拉将织物向下牵引，此时起底板复合针脱掉线圈，起底板回归到原始位置。

牵拉机构如图 14-10 所示，包括主牵拉辊 3 及主牵拉压辊 4，辅助牵拉辊 1、2，牵拉针梳 5。主牵拉辊起主要的牵拉作用，由牵拉电动机控制，通过程序控制改变电动机转速从而改变牵拉力的大小。辅助牵拉辊一般比主牵拉辊直径小，离针板口比较近。主要用于在特殊结构和成形编织时协助主牵拉辊进行工作，由程序控制进入或退出工作。牵拉针梳又称起底板，主要用于起头。在起头时，牵拉针梳由程序控制上升到针间，牵拉所形成的起头纱线，直至织物达到牵拉辊时才退出工作。

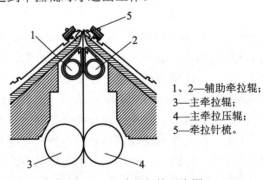

1、2—辅助牵拉辊；
3—主牵拉辊；
4—主牵拉压辊；
5—牵拉针梳。

图 14-10　牵拉机构示意图

电脑横机上的沉降片装置是一种特殊的牵拉装置，它与每一枚织针相互配合，对每一个线圈进行牵拉和握持，从而顺利地完成相应线圈的编织动作。同时，沉降片的作用贯穿线圈的整个成圈过程，对于在空针起头、成形产品的编织、立体花型组织和局部编织等十分有利。

4) 传动部分

为了使电脑横机能够平稳地工作，传动机构由多个电动机提供动力。传动机构的总体要求是：电脑横机的运行速度在一定范围内可调，并且运行平稳；具有故障自停和慢速运行的功能。不同型号的电脑横机其传动方式也不相同，但传动过程基本一样，如图 14-11(a) 所示是一种电脑横机的传动机构示意图。传动机构包括主电机、传动装置、机头原点信号感应装置等。在图 14-11(b) 中，主电机 4 通过电脑控制系统为电脑横机提供动力，通过齿形平行带 3 经皮带夹传递给后机头，前机头 9 和后机头 2 是固定连接在一起的。密度步进电机 10 为弯纱三角提供动力；移床步进电机 14 通过皮带传动为后针床 7 的横移提供动力；直流电机 6 为主牵拉辊提供牵拉动力。

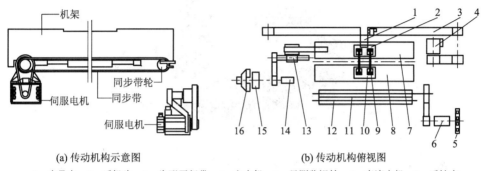

(a) 传动机构示意图　　　　　　　　　(b) 传动机构俯视图

1—皮带夹；2—后机头；3—齿形平行带；4—主电机；5—目测监视轮；6—直流电机；7—后针床；
8—前针床；9—前机头；10—密度步进电机；11—主牵拉辊；12—副牵拉辊；13—滚珠丝杠；
14—移床步进电机；15—制动器；16—角度编码器。

图 14-11　电脑横机传动机构示意图

5) 送纱机构

送纱机构主要由送纱装置、导纱器和侧送纱装置组成，详细结构如图 14-12 所示。送纱机构的主要功能是存储纱线、断纱自动停机、遇到粗纱结自动停机、控制纱线张力以及准确喂纱等。送纱机构的天线台系统装有夹线盘、粗节检测器和张力调节器等，纱线从筒纱上退绕后，通过夹线盘除去纱线毛羽，经过张力调节器调节纱线张力后，在粗节检测器时，当有断纱或者粗节经过即触发警报，横机自动停车并红灯闪烁蜂鸣，并显示"断纱错误"，等待人工操作。在编织时，张力的不同会导致纱线质量的差异，因此送纱机构张力的调节以及控制具有十分重要的意义。

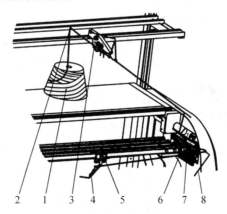

1—导纱环；2—纱筒；3—天线台；4—纱嘴；5—纱嘴座；6—侧纱张力器；7—积极送纱器；8—侧张力簧。

图 14-12　送纱机构结构图

14.2.3　自动熨烫机的工作原理

自动熨烫机是为完善针织生产线开发的新产品，用于毛衫等针织产品的整烫定型。该设备可实现自动蒸汽熨烫毛衫等针织物，替代了原有的人工熨烫，降低了对烫衣从业人员的技术要求及劳动强度。自动熨烫机如图 14-13 所示。

图 14-13　自动熨烫机

自动熨烫机的工作原理是将针织物套在定型架上，蒸汽自下而上地喷射在织物上给织物加热加湿，直接均匀作用在织物上完成热定型；同时采用离心风机从烫台底部抽风，完成织物除湿和冷定型。

1. 定型装置

定型装置是用于固定织物的，采用步进电机控制，可根据织物工艺要求的尺寸自由调节，适用不同规格的织物，且穿套织物操作简单方便，同批织物整烫尺寸误差小。图 14-14 所示分别为定型装置中的领口调节装置、自动伸缩手臂、自动衣身调节装置。

(1) 领口调节装置：用于织物领口大小的定型，由气缸控制，领口大小可调节，且上下可摆动。如图 14-14(a)所示。

(2) 自动伸缩手臂：用于织物衣袖的定型，可根据织物的大小及长短调节整个手臂在烫台的位置。衣袖定型架的位置及衣袖定型架撑开的角度如图 14-14(b)所示。

(3) 自动衣身调节装置：根据织物衣身所需的尺寸，自动调节衣身定型架的宽度；蒸汽定型时定型架保持织物处于绷紧状态，便于保证织物定型后的尺寸，待完成定型后定型架将自动放松织物，便于织物退出定型架。如图 14-14(c)所示。

(a) 领口调节装置　　　　　(b) 自动伸缩手臂　　　　　(c) 自动衣身调节装置

图 14-14　定型装置

2. 整烫装置

定型架将织物平铺在烫台上，经烫台上的喷汽孔将蒸汽均匀地喷射在织物上，使织物受热、加湿均匀后采用吸风冷却完成整烫。传统工艺是采用蒸汽熨斗手工熨烫，整件织物无法做到同时加热加湿，影响整烫效果。自动熨烫机将烫台喷汽孔进行分区域控制，以减少熨烫较小或无袖织物时的蒸汽浪费。

3. 收衣板装置

收衣板用于整理整烫后的织物，可水平运动，将整烫完成的织物自动移至收料板。收衣板还可升降，将针织物平整地逐层叠放在一起，达到设定数量后可自动停机收走织物，如图 14-15 所示。

4. 红外线定位装置

根据不同织物的定型工艺调整好定型尺寸后，由红外线定位，减少反复丈量确认尺寸的麻烦，可保证同款同码针织物的一致性。红外线定位装置如图 14-16 所示。

图 14-15　收衣板装置　　　　　　　图 14-16　红外线定位装置

5. 传送装置

传送装置用于输送织物，将织物置于传送带上，套入衣身定型架、衣袖定型架、领口定型架定型后，将织物送至二次定型烫台熨烫，再自动将织物送至收料板，如图 14-17 所示。

6. 点喷装置

点喷装置主要用于熨烫过程中织物表面出现的不平整、局部较厚或其他异常，具有点动喷气功能，方便熨烫过程中及时整理织物或局部反复熨烫，便于织物的局部人工处理。点喷装置(点动杆部分)如图 14-18 所示。

图 14-17　传送装置　　　　　　　图 14-18　点喷装置(点动杆部分)

14.2.4　智能管控系统介绍

纺织智能制造综合实训项目是在集成了人体三维扫描、3D 选款、AGV 系统运送纱线、工业机器人上料、电脑横机织造、自动熨烫、成品输送及码垛等功能的智能制造生产线及 RFID 设备管理与综合应用系统、视频监控系统、智能管控系统等系统的平台上进行的。

该平台充分采用工业现场总线、有线及无线、近场通信等多种网络通信与接入技术，将现场层设备及系统网络互联，实现制造环境内的一体化网络环境。采用分布式计算与基于服务的软件架构来构建制造空间信息服务系统，在此基础上搭建面向生产综合管控的信息系统，对整个制造空间内的资源和业务过程进行全景、全信息综合展示。

1. 智能管控系统数据采集平台

智能管控系统采用多功能一体化设计，可在系统上设置输送线速度，实时查看当前产量、库存、产品合格率和生产的运行状态，并根据实际情况调整流水线的运行速度。纺织智能制造综合实训中央控制系统界面如图 14-19 所示，显示信息包括：全成型电脑横机与普通横机的运转状态和运转速度，流水线的运转速度与运转状态，AGV 小车的运转速度与运转状态，库存信息的显示，合格率的统计，能量输出的状态。

图 14-19　纺织智能制造综合实训平台智能管控系统

智能管控系统软件的主要功能包括：读取 RFID 数据，进行分类识别，流水线体控制；对输送带速度等工艺参数进行设置或修改；工艺参数信息显示，包括当前上料数量、下料数量、库存等；流水线故障信息提示，速度预警，流水线速度运行状态显示，IO 状态显示；产量统计，工作效率计数，故障率统计等。软件还具有自动保存数据、报警异常记录等功能。

2. 主体设备运行示意图

图 14-20 所示为电脑横机(1 台全成型和 2 两台普通电脑横机)和机器人输送上纱设备运行示意图。三台电脑横机的左下角有两个状态显示灯，当设备正常运转时，绿灯会亮起；设备停止运转时，红灯亮起。

三台横机上方是机器人运转图，当机器人正常运转时，会根据实时情况，实时地显示机器人在哪个横机前面工作。

周围显示的是轨道，轨道上是 AGV 小车。当设备正常运转，AGV 小车正常工作时，小车上会显示绿灯并且进行运动；如果设备停止，小车会显示红灯并停止运动，同时每台横机上有断纱报警信息。

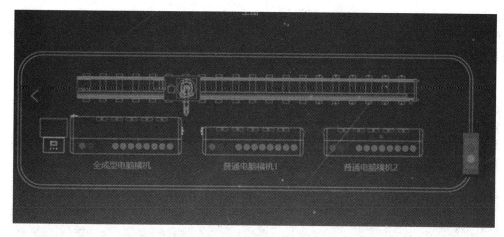

图 14-20　主体设备运行示意图

3. RFID 设备管理与综合应用

设备管理和综合应用系统可以通过 RFID 出入库数据采集和管理软件的编辑功能，完成入库成品的自动编码(对应托盘上的 RFID 电子标签)。通过 RFID 出入库数据采集和管理软件的自动采集功能，完成对入库成品编号的采集入库；通过 RFID 出入库数据采集和管理软件的查询功能，实现成品库存件的数量查询和统计。用户可以根据需要自动设置库存量的上下限报警值，通过环形轨道实现出入库成品自动运送至出入库的位置，将库存数据信息通过网络传送给上位控制计算机或大屏幕显示，如图 14-21 所示。

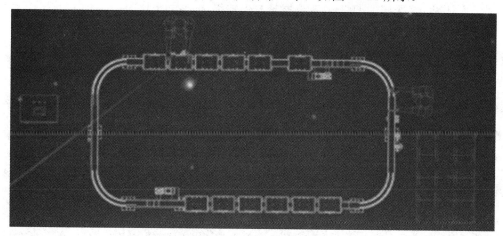

图 14-21　出入库流水线示意图

14.3　实 训 案 例

14.3.1　人体三维扫描

慈星三维激光扫描软系统采用国际先进的 3D 扫描技术，通过多个相机同时扫描，可快速获取人体高精度的三维数据。该系统可广泛应用于服装号型的修改与制订，人体模型的建立，服装三维设计，时装产品虚拟展示，虚拟试衣，时装表演等领域。该系统的操作过程如下：

(1) 打开软件。点击桌面软件图标，双击出现如图 14-22 所示的操作界面。

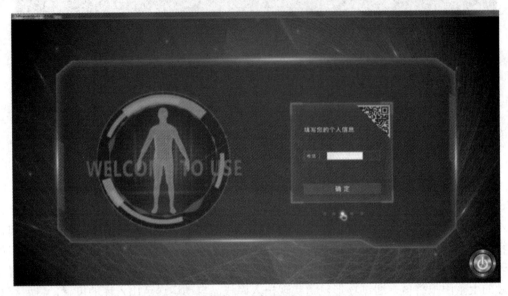

图 14-22　人体三维扫描主操作界面

(2) 人体站立在指定脚印上，双手握紧，保持静止状态。

(3) 按照正确姿势站立好后，点击"准备完毕"按钮，如图 14-23 所示。

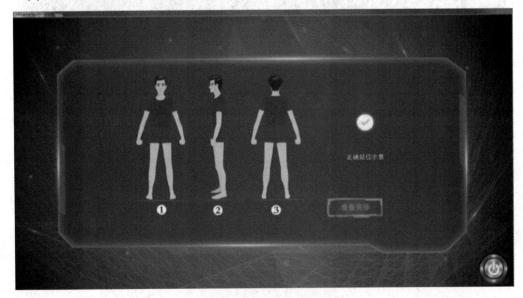

图 14-23　正确站姿示意图

(4) 准备就绪后，点击"开始扫描"按钮，如图 14-24 所示。注意：扫描过程中，人体保持标准姿势静止不动大约 6~8 秒后，人体扫描即完成。如图 14-24 所示。

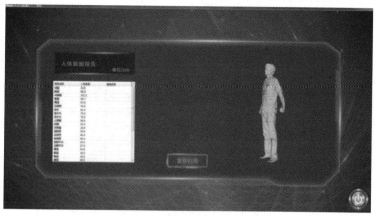

图 14-24　数据采集完成图

（5）人体参数自动提取。扫描结束后操作系统进行数据处理与输出。如图 14-25 所示。

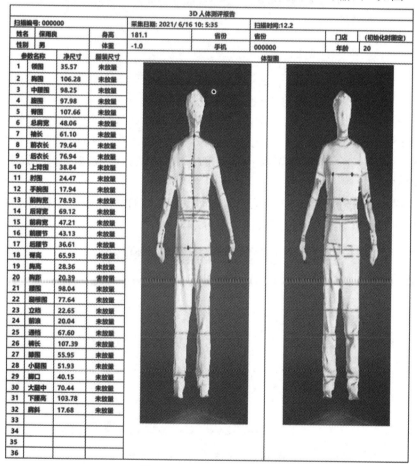

图 14-25　人体参数提取图

14.3.2　电脑横机制版(恒强制版系统)

本案例采用恒强制版系统进行电脑横机制版。

1. 初始设置

运行开始菜单程序中的横机制版软件或双击桌面图标后，系统进入主界面。单击下拉菜单"文件"→"新建"，或者直接点击快捷"新建"按钮，跳出对话框，选择机器类型以及对应功能，如图 14-26 所示。

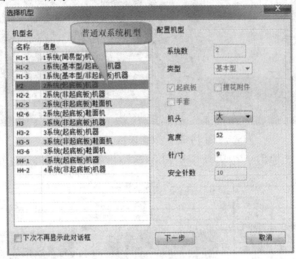

图 14-26　制版系统选择机型图

此时点击"下一步"会出现对话框，如图 14-27 所示，选择合适的作图区大小(针数×行数)。作图区大小可以和所设计的花样一样大，也可以比花样大(建议选择大的尺寸，便于其他操作)，如选择自定义(选其他)，则高度(行数)和宽度(针数)必须大于等于 32，否则会显示出错警告。

设计花样从左下角开始(1∶1)。系统会自动识别花样的宽度(针数)，花样必须有结束行标志，即在功能线作图区相应位置添加结束标志。

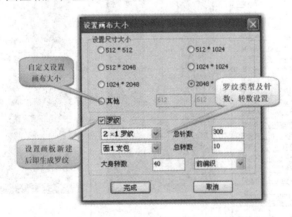

图 14-27　制版系统设置布面图

2. 画图操作

作图时按"F12"功能键，将图形放大到合适的大小(最大放大比例为 20∶1)，出现栅格线画面后作图。作图时要明白制作什么样的花版，提花，单、双面基本样，V 领，引塔夏(编织、吊目翻针)等。

作图区可以选择工具栏或菜单中的作图工具，比如铅笔、画线、画圆等作图工具；也可选择圈选、复制、展开等辅助操作。在作图区可以快速修改某些设定，用鼠标右键点击作图区内任意位置弹出快速修改窗口，选择需要修改的选项。

在功能线作图区的相应位置，可以设定节约、度目、摇床、速度、卷布、编织形式、纱嘴(1)、结束标志等控制信息，完成整个工艺的编制。

3. 纱嘴设置

选择下拉菜单点击"横机"→"纱嘴"起始位置设置，进入对话框，如图 14-28 所示。设定纱嘴是否可用，纱嘴初始左、右边停放等信息，可以同时使用 16 把纱嘴，纱嘴定义如下。

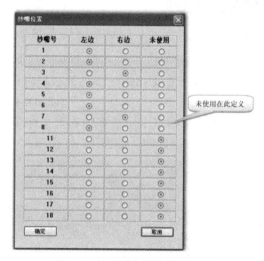

图 14-28 纱嘴起始位置设置图

4. 花版文件保存

选择下拉菜单左键单击"文件"→"保存(S)"或"另存为(A)"，进入保存对话框。选择文件类型(缺省为 PDS 格式)，键入想要的文件名保存即可。首次进入系统后，请选择另存为(A)，否则单击保存将按照系统缺省名 HqPDS1 保存。

14.3.3 电脑横机操作

电脑横机的基本操作流程为：开机→选择花型→花型管理→设定花版起始针→穿纱引线→设定工作参数→编织→关机。

1. 开机

接通 220 V 电源，合上机器下部的空气开关，扭动机器右下部的红色转换开关(箭头向上断开，向右接通)，按下机器左侧工具箱处绿色启动按钮(绿色启动，红色停止)，进入开机界面，如图 14-29 所示。点击界面"运行"图标，自动进入编织主界面，如图 14-30 所示。此时，启动操作杆，继续执行任务。操作杆有三种模式，分别为：

(1) 停车：操作杆向后反转一次；

(2) 慢速：操作杆向前转动 1/4 圈，机头以低速模式运转；

(3) 快速：操作杆向前转动 1/2 圈，机头以高速模式运行。

图 14-29　开机界面

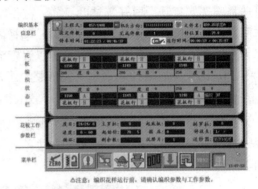

图 14-30　编织主界面

2. 选择花型

插入 U 盘→打开"文件管理"→在 UsbDisk 文件列表框内点击所需要的花型文件(点击后花型文件呈红色显示)→点击"＞＞＞＞＞＞＞＞"(UsbDisk 内选中的花型文件会复制到 tfcard 内)→在 tfcard 文件列表框内点击所需要的花型文件(点击后花型文件呈红色显示)→点击"选定花型"，完成对花型的选定。如图 14-31 所示。

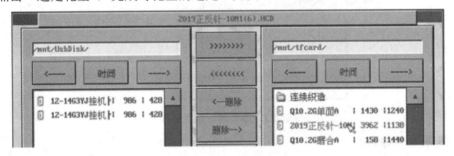

图 14-31　花型选定操作图

3. 花型管理

选择所用的花型文件，点击 CNT 文件编辑，可以查看和编辑每一页程式，如图 14-32 所示。当进入程序编辑画面后，可以对等行号、色代号、编织指令进行跳行编辑。PAT 文件编辑可以对内存花型编辑，进入画面后可以清楚地看到花型的组织，同时可以做简单的修改，如图 14-33 所示。

图 14-32　CNT 文件编辑图

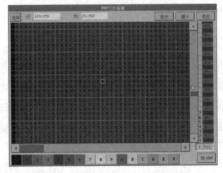

图 14-33　PAT 文件编辑图

4. 设定花版起始针

(横机总针数 - 花版宽度) /2，得出的数值即为花版起始针。

5. 穿纱引线

依据需要选择对应纱线及对应纱嘴号，并调整好纱线张力，张力大小会影响编织物的松紧(密度)。穿线的原则为在储纱器够用的情况下尽量过储纱器，两根纱尽量从左、右边分别进入纱嘴，有利于纱线张力的均匀。

将纱线放在置纱台上，使其与天线台的一个导纱环竖直对齐；纱线穿过与其正上方所对的导纱环，穿过纱线张力控制盘和纱结控制开关，穿过绷紧的弹力带小孔；连接输纱器，穿过左(右)收线，再穿过导纱孔；经过纱嘴耳穿入纱嘴，完成穿线过程。

纱线从纱嘴穿过后，将纱嘴推放至夹子 1 左方向 30～70 mm 处，将穿过纱嘴的纱线一头用手按在针板最左边织针位置(此为左剪刀工作)，打开"运行"→"MENU"→"夹线"(点击"夹线 1"，若夹子 1 已经夹住另外纱线，则点击"夹线 2")，左剪刀夹子夹线后，左剪刀则自动将剪刀上方位置纱线剪断(被剪落的纱线必须从针床上清除)，完成夹线；右剪刀工作和左剪刀工作原理相同。

6. 设定工作参数

点击"工作参数"，进入界面对工作花型的参数进行浏览及设置。主要工作参数为度目(1～24 段)、主罗拉(1～28 段)、副罗拉(1～24 段)、速度(1～28 段)、起始针、摇床、纱嘴停放点、开始行、结束行、循环、剩余数。

根据织片的要求和编织的结构，按照打样要求调整密度、牵拉、速度等，达到较好的编织状态。

新工艺如果和上次编织过的某工艺的密度相似，可以将工作参数复制过来再做一些小的修正，否则需要重新设置对应的度目、卷布、速度等；已经编织过的工艺则可以省略某些参数的操作。

7. 编织

启动操作杆进行编织，随时检查布片密度及确认粗幼纱情况，以便随时控制衣片长短；注意毛纱过蜡情况及毛纱排放位置；随时了解用纱情况、毛料色差等；注意防止倒卷布和副罗拉缠纱。

在机器程序运行过程中，因为一些原因需终止程序时，使用"卸片"功能可将针床上已编织完成的一部分布片落片。操作步骤为：开启"拉杆停止"，停止机头运行，先手动将各纱嘴带至编织前位置，打开"MENU"夹线，然后点击"卸片"，接着点击提醒条内"确定"按钮；再开启"拉杆运行"，直至布片、纱线完全下落；机器回零。

8. 关机

常规情况下单片停车后，进入"主菜单"，选择"关闭计算机"弹出"现在可以安全地关闭计算机"，按下机箱左下侧的红色按钮，等大约 20 秒显示器黑屏后，就可以关闭红色转换开关。关机时要严格遵守关机顺序，否则会损坏机器的控制系统。

14.3.4　自动整烫机操作

整烫是羊毛衫生产的一道关键工序，可以让尺码、样式定型，然后再经过烘干、折叠和包装即可出厂。全自动智能整烫机集整烫、烘干、折叠于一体，获得了多项国家发明专利，填补了国内服装机械在这一领域的空白。

整烫工艺流程为：撑衣→整烫→吸风→衣杆脱卸→输送→压烫→吸风→烘干→折衣→叠衣。

1. 上机准备

(1) 首先打开电源开关，检查气压是否在 0.4～0.5 MPa 之间，查看输送带上是否有异物，检查 12 个红外线是否正常工作。

(2) 电源接通后，显示控制屏直接进入主菜单，点击"运行界面"，点"停止"，再点"复位"后，指示灯处于黄灯状态；再点"运行"，黄灯变成绿灯。

(3) 踩左踏板，检查左袖杆是否正常进出；踩右踏板，检查右袖杆是否正常进出；踩中间踏板，检查领口杆是否正常进出。

(4) 按左边"蒸汽"按钮，查看蒸汽功能是否正常；按右边"抽湿"按钮，查看抽湿功能是否正常；并且左右观察是否有弹簧钩子掉落。

(5) 按下"停止"键，机器停止运行。

2. 烫衣过程

(1) 按"运行"按钮，把衣服放置在输送带上，衣服随着输送带上行，用手撑开衣身，把衣服套在衣身杆上，衣身杆会自动撑开。

(2) 用手撑开领口，踩中间踏板，让领口杆进入衣服领口，领口杆按预定程序自动打开。用手撑开左袖口，踩左踏板，让左袖杆进入袖口；用手撑开右袖口，踩右踏板，让右袖杆进入袖口。

(3) 整理衣服，使红外线对准各个点位。按"蒸汽"按钮进行第一次烫衣，按【运行】按钮，衣服随着输送带进入蒸汽盖板，进行第二次烫衣。烫好的衣服在取料板上整齐摆好。

3. 衣服换款

(1) 运行界面按"停止"→"复位"→"退出运行界面"。

(2) 根据衣服款式初步调整衫形，先调衣身大小，在手动界面按"衣身加大""衣身减小"确定；打开 1 号工位领口伸出缸，1 号工位领口展开缸，1 号工位袖子伸出缸，1 号工位袖子展开缸，2 号工位袖子伸出缸，2 号工位袖子展开缸，初步确认衣长。衣长定位点确认，确认衣身衣长。

(3) 调整衣身宽度，确定衣袖上下位置，根据袖口位置，移动袖子架方向来实现。

(4) 衣服换款时，根据款式大小不同，更换不同的领口杆、袖子杆、衣身杆。根据衣服蒸汽需要、速度快慢，在主界面参数设置里进行调节。确认衫型后，把新款衣服套上去，量取衣长、衣款、身长、领款、领深等并用红外线定点，实现红外线定位。

参 考 文 献

[1] 邱宣怀. 机械设计[M]. 北京: 高等教育出版社, 2007.

[2] 宋昭祥. 现代制造工程技术实践[M]. 北京: 机械工业出版社, 2009.

[3] 黄康美. 数控加工编程[M]. 上海: 上海交通大学出版社, 2004.

[4] 韩鸿鸾, 荣维芝. 数控机床加工程序的编制[M]. 北京: 机械工业出版社, 2002.

[5] 周文玉, 刘赛赛. 数控加工编程及操作教程[M]. 北京: 中国轻工业出版社, 2009.

[6] 李斌, 李曦. 数控技术[M]. 武汉: 华中科技大学出版社, 2010.

[7] 张春林, 焦永和. 机械工程概论[M]. 北京: 北京理工大学出版社, 2003.

[8] 冯俊, 周郴知. 工程训练基础教程[M]. 北京: 北京理工大学出版社, 2005.

[9] 杨贺来, 徐九南. 金属工艺学实习教程[M]. 北京: 北京交通大学出版社, 2007.

[10] 杜晓林, 左时伦. 工程技能训练教程[M]. 北京: 清华大学出版社, 2009.

[11] 胡建德. 机械工程训练[M]. 杭州: 浙江大学出版社, 2007.

[12] 赵建中. 机械制造基础[M]. 北京: 北京理工大学出版社, 2008.

[13] 周燕飞. 现代工程实训[M]. 北京: 国防工业出版社, 2010.

[14] 刘天祥. 工程训练教程[M]. 北京: 中国水利水电出版社, 2009.

[15] 张春林, 焦永和. 机械工程概论[M]. 北京: 北京理工大学出版社, 2003.

[16] 周伯伟. 金工实习[M]. 南京: 南京大学出版社, 2006.

[17] 傅水根, 李双寿. 机械制造实习[M]. 北京: 清华大学出版社, 2009.

[18] 郭绍义. 机械工程概论[M]. 武汉: 华中科技大学出版社, 2009.

[19] 周世权. 工程实践[M]. 武汉: 华中科技大学出版社, 2003.

[20] 旭彪, 王永花. 基于项目的开放式实验教学的实践与思考[J]. 现代教育技术, 2010, 20(5): 125-129.

[21] 高琪. 金工实习核心能力训练项目集[M]. 北京: 机械工业出版社, 2012.

[22] 林文茹. 服装个性定制系统平台设计与实现[D]. 北京: 北京服装学院, 2010.

[23] 上官王娜. 基于远程高级定制的计算机服装设计研究[D]. 杭州: 浙江理工大学, 2015.

[24] 甘嘉裕. 纺织制造业工厂智能管理系统设计与实现[D]. 杭州: 浙江大学, 2018.

[25] 安琪. 面向个性化定制的西装企业智能制造改善研究[D]. 西安: 西安工业大学, 2018.

[26] 姚丽媛, 王健. 智能制造概念、特点与典型模式研究[J]. 智慧中国, 2017, (09): 60-63.

[27] 王浩程. 金工实习案例教程[M]. 天津: 天津大学出版社, 2016.

[28] 刘义才, 高俊. 工业机器人产业发展现状与对策研究[J]. 中国商论, 2021(18): 174-176.

[29] 陈文强. 工业机器人的研究现状与发展趋势[J]. 设备管理与维修, 2020(24): 118-120.

[30] 胡乐峰. 工业机器人行业应用现状及教学发展趋势[J]. 中外企业家, 2020(19): 184.

[31] 孙子文. 金属材料增材制造技术应用现状及发展趋势[J]. 广东科技, 2021. 30(08):

99-102.

[32]　廖文俊, 胡捷. 增材制造技术的现状和产业前景[J]. 装备机械, 2015(01): 1-7.

[33]　张文毓. 增材制造技术的研究与应用[J]. 装备机械, 2017(04): 65-70.

[34]　党晓玲, 王婧. 增材制造技术国内外研究现状与展望[J]. 航空精密制造技术, 2020, 56(02): 35-38.

[35]　卢秉恒. 增材制造技术: 现状与未来[J]. 中国机械工程, 2020, 31(01): 19-23.

[36]　张小红, 秦威. 智能制造导论[M]. 上海: 上海交通大学出版社, 2019.

[37]　刘强. 智能制造理论体系架构研究[J]. 中国机械工程, 2020, 31(01): 24-36.

[38]　彭木根. 物联网基础与应用[M]. 北京: 北京邮电大学出版社, 2019.

[39]　韩洁, 李雁星. 物联网 RFID 技术与应用[M]. 武汉: 华中科技大学出版社, 2019.

[40]　CRAIG J J. 机器人学导论[M]. 3 版. 负超, 译. 北京: 机械工业出版社, 2006.

[41]　朱文俊. 电脑横机编织技术[M]. 北京: 中国纺织出版社, 2011

[42]　梅顺齐, 胡贵攀, 王建伟, 等. 纺织智能制造及其装备若干关键技术的探讨[J]. 纺织学报, 2017, 38(10): 166-171.

[43]　周济. 智能制造是中国制造 2025 的主攻方向[J]. 中国机械工程, 2015，26(17): 2273-2284.

[44]　陈瀚宁. 纺织服装智能工厂系统与平台[J]. 纺织导报, 2019，40(3): 34-36.

[45]　李艳. SY 纺织有限公司智能化生产管理研究[D]. 西安: 西北大学硕士毕业论文集, 2015.

附　录

金属工艺学实习报告

学　院＿＿＿＿＿＿＿＿

班　级＿＿＿＿＿＿＿＿

学　号＿＿＿＿＿＿＿＿

姓　名＿＿＿＿＿＿＿＿

成　绩＿＿＿＿＿＿＿＿

实习日期　　年　月　日　至　　年　月　日

机械工程学院金工教研室

工程教学实习训练中心

目 录

砂型铸造实习报告

一、填空题

1. 砂型铸造生产的基本过程包括_____、_____、_____、_____、_____、_____、_____、_____、_____、_____等。

2. 湿型砂主要由_____、_____、_____、_____等材料组成。

3. 型砂应具备的性能是_____、_____、_____和_____。

4. 型芯的作用是_____。

5. 按砂箱特征和模样特征，常见的手工造型的方法有_____、_____、_____、_____、_____、_____、_____、_____、_____等。

6. 常见的铸件缺陷有_____、_____、_____、_____、_____等。

7. 造型时，型砂春得过紧，会产生_____缺陷。

8. 分型面是指_____。

9. 冒口的主要作用是_____、_____、_____。

10. 常用铝合金铸件的浇注温度为_____，形状简单的厚壁灰铸铁件浇注温度为_____。

11. 特种铸造工艺有_____、_____、_____、_____等。

二、简答题

1. 简述铸造生产工艺的概念、特点及应用。

2. 简述浇注系统的组成及各部分的作用。

三、标注出图 1 铸型装配图中各部分名称。

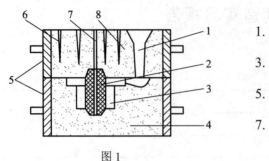

图 1

1. _____； 2. _____；

3. _____； 4. _____；

5. _____； 6. _____；

7. _____； 8. _____。

四、观察图 2 所示的零件图、模样图、铸件图在形状和尺寸上的差异，填空作答。

1. 对应于相同的外径部位，模样比铸件大一个_____量。铸件比零件大一个_____量。

2. 在模样图上，上端和下端的两个凸块叫_____(此题机械类学生作答)。

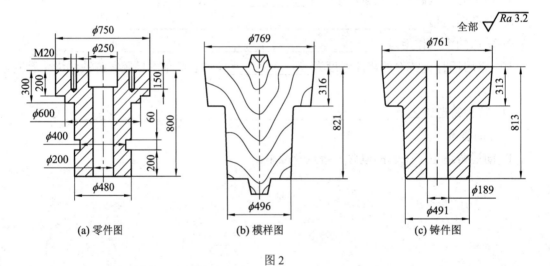

(a) 零件图　　(b) 模样图　　(c) 铸件图

图 2

五、标注出图 3 中各部分的名称。

图 3

1. _____； 2. _____；

3. _____； 4. _____；

5. _____。

六、观察下表中所给的铸造缺陷形态，将表补充完整。

缺陷形态	说　明	缺陷名称
	出现在铸件上部，孔壁内表面圆滑	
	出现在铸件厚大部位，孔形呈倒锥状，内表面粗糙	
	铸件在分型面处发生了错移	
	铸件表面黏有砂粒，表面粗糙	

焊接实习报告

一、填空题

1. 按焊接过程的特点不同，焊接方法可分为_____、_____和_____三大类。常见的熔化焊方法有_____、_____、_____和_____等。
2. 焊接电弧由_____、_____和_____组成。
3. 在焊接时，药皮的作用主要是_____
_____。
4. 实习时，你所用的焊条型号是_____，其符号含义是_____
_____。
5. 焊条电弧焊中，常用的焊接接头形式有_____、_____、_____和
_____等。
6. 焊条电弧焊的工艺参数主要包括_____、_____、_____、
_____和_____等。
7. 气焊生产中，最常用的气体是_____和_____。根据其混合比例不同，可得到三种不同性质的火焰，即_____、_____和_____。
8. 手工电弧焊采用直流焊机时，正接是_____，反接是_____。
9. 手工电弧焊常用的起弧方式有_____和_____。
10. 常见的焊接缺陷有_____、_____、_____、_____、_____。
11. 你实习时所用电焊机名称是_____，型号为_____，空载电压为_____V，额定电流为_____。

二、简答题

1. 简述焊接工艺的概念、特点及应用范围。

2. 焊接过程中如何减少焊件应力和变形？

3. 气焊设备包括哪几部分？

三、标出图 1 中手工电弧焊工作系统各组成部分的名称。

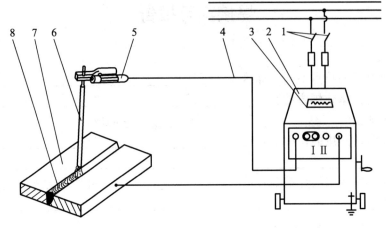

图 1

1. _____；2. _____；3. _____；4. _____；

5. _____；6. _____；7. _____；8. _____。

四、说明三种氧—乙炔焰的性质与应用(此题机械类学生作答)。

名称	氧与乙炔混合比	火焰性质	适于焊接的材料
氧化焰			
中性焰			
碳化焰			

锻造及冲压实习报告

一、根据图 1 所示的空气锤结构图，指出标号部分的名称及作用。

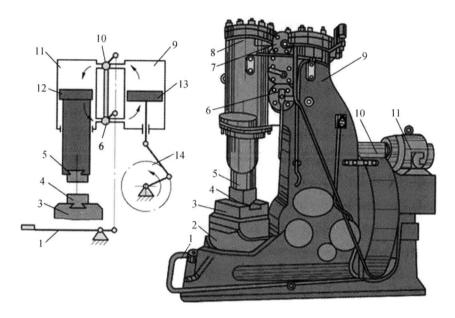

图 1　空气锤外形图及工作原理图

标号	名　称	作　　用
1		
2		
3		
4		
5		
6		
7		
8		
9		
10		
11		
12		
13		
14		

二、根据图 2 简述冲床工作原理。

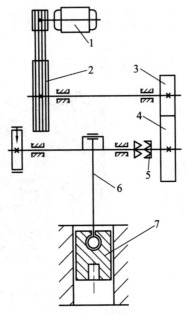

1—电机；2—皮带轮；3—小齿轮；4—大齿轮；5—离合器；6—连杆；7—滑块。

图 2　冲床工作原理

三、简述金属小盒的制作工序及过程。

车削实习报告

一、指出图1所示的普通车床各部分的名称及作用。

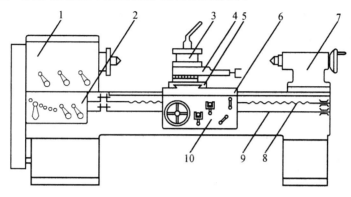

图1

标号	名 称	作 用
1		
2		
3		
4		
5		
6		
7		
8		
9		
10		

二、填写普通车床上常用夹具及附件的作用。

夹具名称	作 用
三爪卡盘	
花 盘	
中 心 架	
顶 尖	

三、填空题

1. 车床的主运动是_____，进给运动是_____。

2. 车削用量是指_____、_____和_____。
其单位分别是_____、_____和_____。

3. 车削加工可以完成的加工工作包括_____、_____、_____、
_____、_____、_____、_____、_____。

4. 安装车刀时，刀尖应对准工件的_____。

5. 用普通卧式车床车削外圆锥面的方法有_____、_____、
_____、_____。

6. 外圆车刀的刀体由_____、_____、_____、_____、
_____、_____组成。

7. 你实习时所用车床的型号为_____，其含义是_____
_____。

8. 常用刀具材料的种类有_____、_____、_____等。

9. 普通车床上加工零件能达到的精度等级为_____，表面粗糙度 Ra 可达_____。

四、简述切削速度的选用原则。

五、将车刀各角度名称及作用填入下表(如图2所示)。

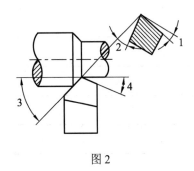

图2

标号	名　称	作　用
1		
2		
3		
4		

六、标出图3所示的外圆车刀刀头各部分的名称(此题机械类学生作答)。

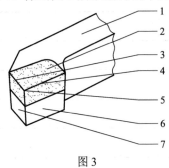

图3

1. _____；　2. _____；

3. _____；　4. _____；

5. _____；　6. _____；

7. _____。

铣刨磨实习报告

一、填空题

1. 铣床的种类较多，常用的有_____和_____两种。

2. 常用的铣床附件有_____、_____、_____和_____等。

3. 铣削平面的常用方法有_____和_____两种。

4. 常见的铣刀有_____、_____、_____、_____、_____、_____和_____等。

5. 用切削加工方法加工齿轮，按加工原理可分为_____法和_____法两种，常用设备有_____、_____、_____等。

6. 常用的磨床种类有_____、_____、_____等。

7. 外圆磨削时，工件的装夹方法有_____、_____、_____等。

8. 砂轮的特性包括_____、_____、_____、_____等。

9. 牛头刨床可以加工的表面有_____、_____、_____等。

10. 刨削类机床有_____、_____、_____。

11. 在牛头刨床上加工水平面时，主运动是_____，进给运动是_____。

12. 经过粗刨精刨后，工件平面的表面粗糙度 Ra 可达_____，尺寸精度可达_____。

二、简答题

1. 简述铣削加工的特点及应用。

2. 简述磨削加工的特点及应用。

三、在图中标出牛头刨床(见图1)和卧式铣床(见图2)各部分的名称(此题机械类学生作答)。

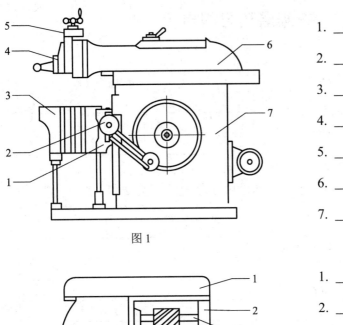

图 1

1. _____ ;

2. _____ ;

3. _____ ;

4. _____ ;

5. _____ ;

6. _____ ;

7. _____ 。

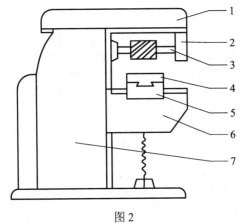

图 2

1. _____ ;

2. _____ ;

3. _____ ;

4. _____ ;

5. _____ ;

6. _____ ;

7. _____ 。

钳工实习报告

一、填空题

1. 钳工的基本操作包括_____、_____、_____、_____、_____、_____、_____、_____等。

2. 安装锯条时，锯齿应向_____方。细齿锯条适宜锯削_____的工件，粗齿锯条适宜锯削_____的工件，中齿锯条适宜锯削_____的工件。

3. 锯切速度以每分钟往复_____次为宜，锯软材料时，速度可_____些，锯硬材料时，速度可_____些。

4. 锉削平面的方法有_____、_____、_____等。

5. 钻床的种类很多，常用的有_____、_____、_____，小于 $\phi 12$ 的孔，多在_____钻床上加工，箱体上的孔多在_____钻床上加工。

6. 钻床上常用的孔加工刀具有_____、_____、_____。

7. 加工内螺纹用_____，加工外螺纹用_____。在脆性材料上(铸铁、青铜等)钻螺纹底孔，钻孔直径等于_____，在韧性材料上(钢料、紫铜等)钻螺纹底孔，钻孔直径等于_____。用板牙切制 M10 的螺杆，圆杆直径等于_____。

8. 根据形状不同,锉刀可分为_____、_____、_____、_____及_____等。

9. 钻孔时，主运动是_____，进给运动是_____。

二、简答题

1. 简述钳工划线的常用工具、作用及种类。

2. 怎样检验锉后工件的平直度和角度？

机械拆装实习报告

一、填空题

1. 常用的装配方法有_____、_____、_____、_____等。
2. 拆卸部件或组件时，应按从_____，从_____
_____的顺序，依次拆卸。
3. 滚动轴承内孔与轴的配合一般采用_____。
4. 轴承与轴的配合过盈较大时，装配时最好采用_____的方法。
5. 装配中的修配法适用于_____。

二、简答题

1. 画出曲柄滑块机构的示意图，指明其主要组件及作用，并举出两个机构应用的实例。

2. 简述迷你台钳的结构特点，按顺序写出主要组成零件，指明有配合关系的零件。

3．在机构系统创意模具上，你参加了哪几种机构创意？如何构思的？在创意装配过程中出现了什么问题？如何解决的？通过机构创意装配你有什么收获？

(此题机械类学生作答)

数控加工实习报告

一、填空题

1. 数控机床由_____和_____组成，其中_____是数控机床的核心，一般包括_____、_____、_____、_____等。

2. 数控车床是靠主轴的_____和刀具的_____来完成_____轴类零件的自动加工的。

3. 加工中心是具有_____的数控铣床。

4. 我们使用的数控程序一般为_____格式，在编写数控程序时一般选择零件的_____或_____作为编程坐标系的原点。

5. 数控机床的一个重要操作是_____，它的作用是让加工坐标系与编程坐标系重合，通俗地讲，也就是让机床知道我们编程坐标系的原点在毛坯的哪个位置上。

6. 在数控程序中，F 代表_____，S 代表_____，T 代表_____。

二、简述数控机床的工作原理、特点及应用范围。

三、实际加工题(此题要求机械类学生答)

1. 数控车削加工

加工如图 1 所示的零件，设毛坯是 $\phi30$ 的棒料，要求车端面、粗车外形、精车外形、切断。

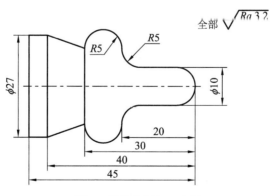

图 1　数控车削加工实例

(1) 工艺分析。

① 先车右端面，并以右端面的中心为原点建立工件坐标系(即编程坐标系)，因为该点为工件的_____。

② 该零件可采用_____指令进行仿形粗切削循环,然后用_____指令进行精车,最后切断。注意退刀时,先退_____方向后退_____方向,以免刀具撞上工件。

(2) 确定工艺方案。

① 车端面;

② 从右至左粗加工各面;

③ 从右至左精加工各面;

④ 切断。

(3) 选择刀具及切削用量。

① 选择刀具:

外圆刀 T0101:车端面、粗车加工;

外圆刀 T0202:精车加工;

切断刀 T0303:宽 4 mm,切断。

② 确定切削用量:

切削用量包括_____、_____及_____等,根据各工序的不同要求选择合适的切削用量,具体取值见程序内容。

(4) 编写数控程序(根据程序的注释,补全数控程序内容)。

程　序	注　释
O0001	
T0101;	
S500;	主轴正转
G00 X35. Z0.;	车端面
G96 S120;	切换工件转速,线速度 120 m/min
G01 X0. F0.15;	
G97 S500;	切换工件转速,转速为 500 r/min
	仿形切削循环
M03 S800 T0202;	
G00 X35. Z2.;	
	精车外圆
G00 X150.;	
Z150.;	
M03 S300 T0303;	切断
G00 X35. Z-50.;	
G01 X0. F0.05;	
G00 X150.;	
Z150.;	
M05;	
M30;	程序结束

2. 数控铣削加工

1) 手动编程实践

铣削加工如图2所示的零件,要求使用 φ10 的平底铣刀,每次的切削深度不大于 5 mm。编写该零件加工的数控程序。

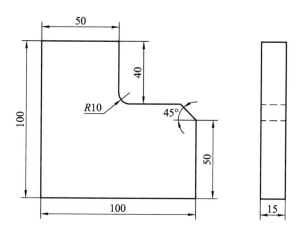

图2　数控铣削手动编程加工实例

2) 自动编程实践(拓展)

加工如图3所示的零件,要求铣削加工图中的两个斜面。

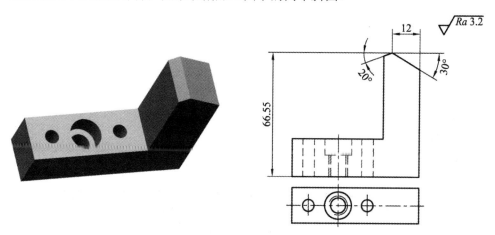

图3　数控铣削自动编程加工实例

(1) 工艺分析。

根据加工精度要求,需要对该零件分别做粗加工、半精加工和精加工。

(2) 刀具选择及切削用量的确定。

选用 φ12 的平底铣刀做粗加工,选用 R6 的球头铣刀做半精加工,选用 R5 的球头铣刀做精加工。

粗加工的主轴转速选用 3500 r/min,进给速度为 1600 mm/min;

半精加工的主轴转速选用 2000 r/min,进给速度为 1000 mm/min;

精加工的主轴转速选用 4000 r/min,进给速度为 2500 mm/min。

(3) 生成数控程序。

利用 UG 的 CAM 模块，通过设置刀具参数、各切削参数等，生成各工序的刀路轨迹，半精加工的加工轨迹如图 4 所示，基于生成的加工轨迹通过后置处理自动生成数控加工程序。

```
%
G40 G17 G90 G54
G91 G28 Z0.000
T01 M06
T02
G00 G90 X-91.900 Y-0.198 S3500 M03
G43 Z120.000 H01
Z72.753
G01 Z69.753 F1600 M08
X-80.594
Y9.500
Y9.540
X-80.589 Y9.578
X-80.495 Y10.292
X-76.601 Y10.302

……

X71.808 Z62.929
Z68.570
G00 Z116.571
M02
%
```

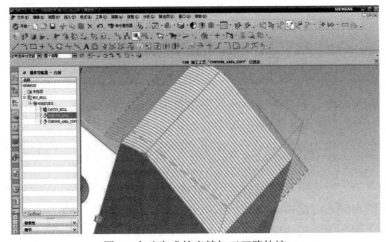

图 4　自动生成的半精加工刀路轨迹

3) 问题拓展

(1) 什么情况下使用自动编程?

(2) 自动换刀指令是什么?

(3) M02 和 M30 的区别是什么?

数控铣削虚拟仿真实习报告

一、仿真界面填空题

在图1所示的数控加工中心操作界面中，AUTO 的功能是_____，EDIT 的功能是_____，MDI 的功能是_____，HANDLE 的功能是_____，JOG 的功能是_____，REF 的功能是_____。

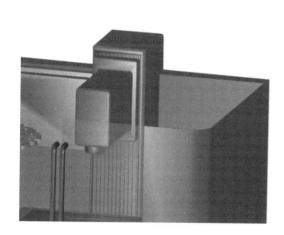

图1

二、对刀操作填空题

在数控加工中心虚拟仿真实验对刀操作中，寻边器接触毛坯左表面时记录的 $X1$ 坐标为_____，寻边器接触毛坯右表面时记录的 $X2$ 坐标为_____，所以毛坯 X 方向的中心位置坐标 $X0$ 为_____。如图2所示，如果将毛坯上表面内侧棱边中心作为坐标原点，则在对 Y 坐标时(寻边器小球直径为 $\phi10\ mm$)，将寻边器与毛坯内侧面接触后，需要在 G54 坐标系的 Y 坐标处输入_____，然后点击"测量"，完成 Y 坐标的对刀。如果在机床操作过程中出现了报警，导致操作无反应，应按_____按键。

图2

三、数控编程实践题

　　每组同学按照指导教师现场指定的图形要求，编写数控程序，完成虚拟仿真加工。请在下面写出完整的数控程序内容。

电火花线切割实习报告

一、填空题

1. 特种加工工艺是直接利用_____、_____、_____、_____和_____等各种能量进行加工的一类方法的总称。

2. 常用的特种加工方法有_____、_____、_____、_____等。

3. 电火花成形穿孔加工是_____的一种加工方法。

4. 电火花线切割加工中，常用的电极丝有_____、_____、_____。其中_____和_____用于快速走丝线切割，而_____用于慢速走丝线切割。

5. 电火花线切割加工中，工件的装夹方式有_____、_____、_____、_____等。

二、编制线切割加工程序(此题机械类学生作答)

用 ISO 格式编制如图 1 所示零件的线切割加工程序。电极丝选用直径为 0.18 mm 的钼丝，单面放电间隙为 0.01 mm。要求：

(1) 以 A 点为坐标原点(x0,y0)，(x0，y5)点为切割起始点，顺时针切割凸模，保证图示尺寸。

(2) 如切割凹模，程序应该怎样改动？

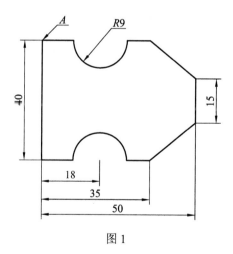

图 1

3D 打印实习报告

一、填空题

1. 根据成型方式的不同，3D 打印技术主要分为＿＿＿＿＿＿、＿＿＿＿＿＿、＿＿＿＿＿＿等。

2. 3D 打印技术的应用领域有＿＿＿＿＿＿、＿＿＿＿＿＿、＿＿＿＿＿＿等。

3. 3D 打印目前主要的热源有＿＿＿＿＿＿、＿＿＿＿＿＿、＿＿＿＿＿＿。

4. FDM 型 3D 打印机常见的成型材料有＿＿＿＿＿、＿＿＿＿＿、＿＿＿＿＿。

5. UP BOX+3D 打印机是＿＿＿＿型打印机，所用丝材直径为＿＿＿＿＿mm。

6. 3D 打印技术运用于航空发动机零部件制造的特点是＿＿＿＿＿、＿＿＿＿＿、＿＿＿＿＿。

二、简答题

1. 阐述 3D 打印技术的基本原理。

2. 3D 打印作为增材制造的一种，与传统的减材制造相比有什么优缺点？

3. 简述 UP BOX+3D 打印机进行模型打印的操作步骤。

工业机器人实习报告

一、根据图 1 所示的串联型六轴机器人结构图，指出标号所描述部分的名称和作用。

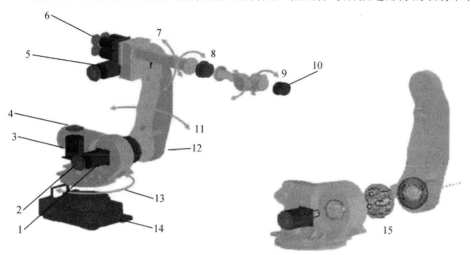

图 1　串联型六轴机器人结构图

标号	名　称	作　　用
1		
2		
3		
4		
5		
6		
7		
8		
9		
10		
11		
12		
13		
14		
15		

二、根据表格中的坐标示意图，填写机器人坐标系的名称及其功能。

序号	坐标系示意图	名　称	功　能
1			
2			
3			
4			

三、如图 2 所示，试编写机器人码垛的轨迹程序。

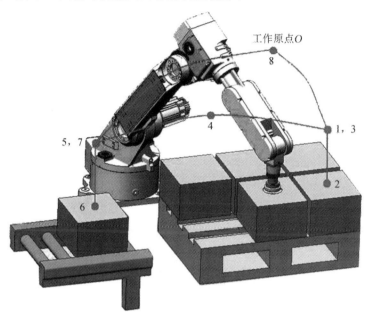

图 2　机器人码垛轨迹

纺织智能制造实习报告

一、根据图1所示的电脑横机结构简图指出标号部分名称及作用。

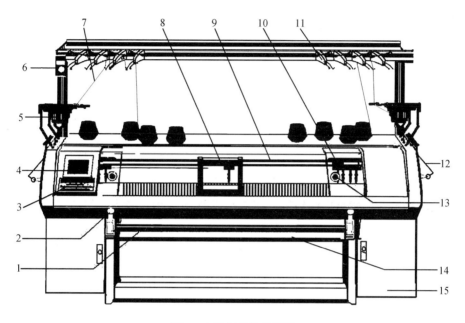

图1　电脑横机结构简图

标号	名　称	作　用
1		
2		
4		
5		
6		
8		
10		
11		
14		
15		

二、结合实际操作画出电脑横机穿纱的路径，并简述穿纱的基本要领。

三、以流程图的形式写出纺织智能智造实训平台(针织智能生产线)定制生产毛衫的全过程。